中等职业教育课程改革国家规划新教材配套教材

Gongcheng Celiang Shixun Zhidaoshu

工程测量实训指导书

黎明亮　主编

指导教师　＿＿＿＿＿＿＿＿＿＿＿＿＿

班　　级　＿＿＿＿＿＿＿＿＿＿＿＿＿

姓　　名　＿＿＿＿＿＿＿＿＿＿＿＿＿

组　　别　＿＿＿＿＿＿＿＿＿＿＿＿＿

学　　号　＿＿＿＿＿＿＿＿＿＿＿＿＿

实训时间　＿＿＿＿＿＿＿＿＿＿＿＿＿

人民交通出版社

内 容 提 要

本书重点结合中等职业院校路桥专业在测量教学实训过程中的教学要求编写而成。内容分三部分：一是工程测量实训的技术要求与原则；二是教学项目，分为基本技能实训项目和综合技能实训项目两类；三是公路测量工技能考核项目。

本书可作为交通行业高职高专院校、中等职业学校、技工学校、职业高中的专业教学用书，也可作为岗位技能培训与鉴定的教学参考用书。

图书在版编目（CIP）数据

工程测量实训指导书/黎明亮主编. —北京：人民交通出版社,2012.7
中等职业教育课程改革国家规划新教材配套教材
ISBN 978-7-114-09822-2

I.①工⋯　II.①黎⋯　III.①工程测量－中等专业学校－教材　IV.①TB22

中国版本图书馆 CIP 数据核字（2012）第 108363 号

中等职业教育课程改革国家规划新教材配套教材

书　　名：工程测量实训指导书
著 作 者：黎明亮
责任编辑：王绍科
出版发行：人民交通出版社
地　　址：（100011）北京市朝阳区安定门外外馆斜街3号
网　　址：http://www.ccpress.com.cn
销售电话：（010）59757969、59757973
总 经 销：人民交通出版社发行部
经　　销：各地新华书店
印　　刷：北京交通印务实业公司
开　　本：787×1092　1/16
印　　张：7.25
字　　数：170千
版　　次：2012年7月　第1版
印　　次：2012年7月　第1次印刷
书　　号：ISBN 978-7-114-09822-2
定　　价：20.00元

出版说明

为贯彻《国务院关于大力发展职业教育的决定》（国发〔2005〕35号）文件精神，落实《教育部关于进一步深化中等职业教育教学改革的若干意见》（教职成〔2008〕8号）文关于"加强中等职业教育教材建设，保证教学资源基本质量"的要求，人民交通出版社约请全国部分交通职业院校、交通技工学校一线资深教师，对2003年出版的公路与桥梁专业中等职业教育国家规划教材配套教材进行了修订，新教材共9种：

《土木工程力学基础学习指导》
《土木工程识图（道路桥梁类）》
《土木工程识图习题集（道路桥梁类）》
《公路施工组织与概预算》
《公路工程现场检测技术》
《公路勘测设计》
《公路施工机电基础》
《公路工程CAD》
《工程测量实训指导书》

新教材紧紧围绕中等职业教育的培养目标，遵循职业教育教学规律，从满足经济社会发展对高素质劳动者和技能型人才的需要出发，在课程结构、教学内容、教学方法等方面进行了新的探索与改革创新。新教材编写充分考虑了职业院校学生的认知特点，文字简洁明了，通俗易懂，版式生动活泼，图文并茂。此外，每单元后附有复习题，部分章节附有实例。

人民交通出版社
2012年6月

前　言

　　《工程测量实训指导书》是中等职业教育课程改革国家规划新教材配套教材，按照教育部中等职业教育课程改革国家规划新教材编写指导思想的有关原则编写。

　　为了培养中等职业院校工程测量技术技能人才，使其更好地掌握基本实用的测量工程技术，适应当前交通建设对测量技术人员的要求，特编写此书。本书分为三部分：第一部分为工程测量实训的技术要求与原则；第二部分为教学项目，分为基本技能实训项目和综合技能实训项目两类；第三部分是公路测量工技能考核项目。

　　本书由广东省交通运输技师学院黎明亮担任主编并负责全书的统稿工作。江苏省交通技师学院赵正信、毕龙珠编写了第一部分"基本技能实训项目"；广东省交通运输技师学院黎明亮、黎军编写了第二部分"综合技能实训项目"；黎明亮还编写了第三部分"公路测量工技能考核项目"。

　　由于水平有限和时间仓促，书中难免有不足之处，希望广大读者和业内专家指正。

编者

2012 年 3 月

目　　录

第一部分　工程测量实训的技术要求与原则

一、工程测量实训的目的与要求

工程测量实训的目的与要求,是巩固和验证学生在课堂上和书本里所学的理论知识。即学生通过基础实训进一步认识所学测量仪器的构造和性能,掌握各种测量仪器的使用、操作和检验校正的方法;同时,通过亲手操作与观测成果的整理,以达到更好地掌握测量学的基本理论和基本技能。

二、工程测量实训规定

(1)实训之前,必须认真复习教材中的有关章节,仔细预习本书的有关内容,以明确实训目的、了解实训任务、熟悉实训步骤、注意有关事项,并准备所需文具用品。

(2)实训分小组进行,组长负责组织协调工作,办理所用仪器工具的借领和归还手续。

(3)实训应在规定的时间进行,不得无故缺席或迟到早退;应在指定场地进行,不得擅自改变地点或离开现场。

(4)必须遵守本书的测量仪器使用技术要求。

(5)应该服从教师的指导,严格按照本书的要求认真、按时、独立地完成任务。每项实训,都应取得合格的成果,提交书写工整规范的实训记录及实训报告。

(6)实训过程中,应遵守纪律,爱护现场的花草、树木和农作物,爱护周围的各种公共设施,任意砍伐、踩踏或损坏者应予赔偿。

三、工程测量仪器、工具的借领与使用规则

1. 仪器、工具的借领

(1)在教师指定的地点凭学生证办理借领手续,以小组为单位领取仪器与工具。

(2)借领时应当场清点检查:实物与清单是否相符;仪器与工具及其附件是否齐全;背带及提手是否牢固;脚架是否完好等。如有缺损,当即向仪器室老师反映。

(3)离开借领地点之前,必须锁好仪器箱并捆扎好各种工具;搬运仪器、工具时,必须轻取轻放,避免剧烈振动。

(4)借出仪器、工具之后,不得与其他小组擅自调换或转借。

(5)实训结束,应及时收装仪器与工具,送还借领处办理归还手续。如有遗失或损坏,应写出书面报告说明情况,按有关规定予以赔偿,并视情节轻重报学校给予必要处分。

2. 仪器的安装

(1)在三脚架安置稳妥之后,方可打开仪器箱。开箱前应将仪器箱放在平稳处,严禁托在手上或抱在怀里。

(2)打开仪器箱之后,要看清并记住仪器在箱中的安放位置,避免以后装箱困难。

(3)提取仪器之前,应先松开制动螺旋,再用双手握住支架或基座,轻轻取出仪器放在三脚架上。然后一手握住仪器,一手去拧连接螺旋,直到连接螺旋与基座脚架连接牢固。

（4）装好仪器之后，注意随即关闭仪器箱盖，防止灰尘和湿气进入箱内。作业过程中，严禁坐在仪器箱上。

3. 仪器的使用

（1）仪器安置之后，不论是否操作，必须有人看护，防止无关人员搬弄或行人车辆碰撞。

（2）在打开物镜盖时或在观测过程中，如发现灰尘，可用镜头纸或软毛刷轻轻拂去，严禁用手帕或手指等物擦拭，以免损坏镜头上的药膜。观测结束后应及时套好物镜盖。

（3）转动仪器时，应先松开制动螺旋，再平稳转动。使用微动螺旋时，应先旋紧制动螺旋。

（4）制动螺旋应松紧适度，微动螺旋和脚螺旋不要旋到顶端，使用各种螺旋都应均匀用力，以免损伤螺纹。

（5）注意检查仪器的电池、备用电池（全站仪），在使用结束后要及时充电。

（6）野外使用仪器时，应该撑伞，严防日晒雨淋。

（7）仪器发生故障时，应及时向指导教师报告，不得擅自处理。

4. 仪器的搬迁

（1）在行走不便的地区迁站或远距离的迁站时，必须将仪器装箱之后再搬迁。

（2）短距迁站时，可将仪器连同脚架一起搬迁，其方法是：先取下垂球，检查并旋紧仪器连接螺旋，松开各制动螺旋使仪器保持初始位置（经纬仪望远镜对向度盘中心，水准仪物镜向后）；再收拢三脚架，左手握住仪器基座或支架放在胸前，右手抱住脚架放在肋下，稳步行走。严禁斜扛仪器，以防碰摔。

（3）搬迁时，小组其他人员应协助观测员带走仪器箱和有关工具。

5. 仪器的装箱

（1）每次使用仪器之后，应及时清除仪器上的灰尘及脚架上的泥土。

（2）仪器拆卸时，应先将仪器脚螺旋调至大致同高的位置，再一手扶住仪器，一手松开连接螺旋，双手取下仪器。

（3）仪器装箱时，应先松开各制动螺旋，使仪器就位正确，试关箱盖确认稳妥后，再拧紧制动螺旋，尔后关箱上锁。若合不上箱口，切不可强压箱盖，以防压坏仪器。

（4）清点所有附件和工具，防止遗失。

（5）电池要及时充电。

6. 测量工具的使用

（1）钢尺的使用：不能将钢尺全部拉出，应该留几卷，否则可能会将尺尾拉断。同时，应防止打结、扭曲和折断，防止行人踩踏或车辆碾压，尽量避免尺身着水。携尺前进时，应将尺身提起，不得沿地面拖行，以防损坏刻线。用完钢尺，应擦净、涂油、以防生锈。

（2）皮尺的使用：应均匀用力拉伸，避免着水、车压。如果皮尺受潮，应及时晾干。

（3）各种皮尺、花杆的使用：应注意防水防潮，防止受横向压力，不能磨损尺面刻画和漆皮，不用时安放稳妥。

（4）测图板的使用：应注意保护板面，不得乱写乱扎，不能施以重压。

（5）小件工具如垂球、测钎、尺垫等的使用：应用完即收，防止遗失。

（6）一切测量工具都应保持清洁，专人保管搬运，不能随意放置，更不能作为捆扎、抬担的它用工具。

四、工程测量记录与计算规则

(1)在测量手簿上书写之前,应准备好硬性(2H 或 3H)铅笔,同时熟悉表上各项内容及填写、计算方法。

(2)记录观测数据之前,应将表头的仪器型号、编号、日期、天气、测站、观测者及记录者姓名等无一遗漏地填写齐全。

(3)观测者读数后,记录者应随即在测量手簿上的相应栏内填写,并复诵回报以资检核。不得另纸记录事后转抄。

(4)记录时要求字体端正清晰、数位对齐、数字齐全。字体的大小一般占格宽的 1/2 ~ 1/3,字脚靠近底线;表示精度或占位的"0"(例如水准尺读数 1.500 或 0.234,度盘读数 93°04′00″中的"0")均不能省略。

(5)观测数据的尾数不得更改,读错或记错后必须重测重记。例如,角度测量时,秒级数字出错,应重测该测回;水准测量时,毫米级数字出错,应重测该测站;钢尺量距时,毫米级数字出错,应重测该尺段。

(6)观测数据的前几位若出错时,应用细横线划去错误的数字,并在原数字上方写出正确的数字。注意不得涂擦已记录的数据。禁止连续更改数字,例如,水准测量中的黑、红面的读数,角度测量的盘左、盘右观测值,距离测量中的往、返测量值等,均不能同时更改,否则重测。

(7)记录数据修改后或观测成果作废后,都应在备注栏内写明原因(如测错、记错或超限等)。

(8)每站观测结束后,必须在现场完成规定的计算和检核,确认无误后方可迁站。

(9)数据运算应根据所取位数,按"4 舍 6 入,5 前单进双舍"的规则进行凑整。例如对 1.6244m、1.6236m、1.6235m、1.6245m 这几个数据,若取至毫米位,则均应记为 1.624m。

(10)应保持测量手簿的整洁,严禁在手簿上书写无关的内容,更不得丢失手簿。

第二部分　教学项目

第一章

基本技能实训项目

项目一　水准仪的安置与读数

技能要求

（1）了解 DS$_3$ 水准仪的构造，认识水准仪各主要部件的名称和作用。

（2）练习水准仪的操作方法，初步掌握水准仪的粗平、瞄准、精平与水准尺读数的方法。

仪器与工具

（1）由仪器室借领：DS$_3$ 型水准仪 1 台、水准尺 1 把、记录板 1 块。

（2）自备：测伞 1 把，铅笔、草稿纸若干。

实训内容

（1）由指导老师讲解水准仪的构造（见图 1-1）及技术操作方法。

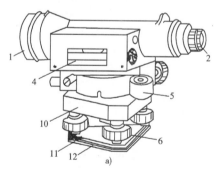
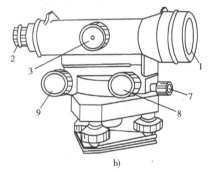

图 1-1　水准仪的构造

1-物镜；2-目镜；3-物镜对光螺旋；4-管水准器；5-圆水准器；6-脚螺旋；7-制动螺旋；8-微动螺旋；9-微倾螺旋；10-轴座；11-三角压板；12-底板

（2）水准仪的操作流程：架上水准仪（安置仪器）→粗略整平仪器→精确整平→读取读数→记录。

（3）要点。

①安置整平水准仪。

a. 水准仪安置好,进行整平时,按"左手拇指规则",先用双手同时反向旋转一对脚螺旋,使圆水准器气泡移至中间,再转动另一只脚螺旋使气泡居中(见图1-2)。

b. 转动微倾螺旋(见图1-3),使符合水准器气泡两端的影像吻合。注意微倾螺旋转动方向与符合水准管左侧气泡移动方向的一致性。每次读数前要查看是否处于精平状态。读数要准确而迅速,并切记沿注记方法由小至大读取。

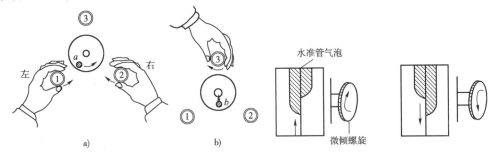

图1-2　转动脚螺旋使气泡居中的操作规律　　　　图1-3　精确整平水准仪

②读数。

以十字丝横丝为准读出水准尺上的数值,读数前,要对水准尺的分画、注记分析清楚,找出最小刻画单位,整分米、整厘米的分化及米数的注记。先估读毫米数,再读出米、分米、厘米。要特别注意不要错读单位和发生漏零。读数后,应立即查看气泡是否符合,否则应重新使气泡符合后再读数。

 注意事项

(1)安置仪器时应将仪器中心连接螺旋拧紧,防止仪器从脚架上脱落下来。

(2)水准仪为精密光学仪器,在使用中要按照操作规程作业,各个螺旋要正确使用。

(3)在读数前,务必将水准器的符合水准气泡严格符合,读数后应复查气泡符合情况,发现气泡错开,应立即重新将气泡符合后再读数(自动安平水准仪例外)。

(4)转动各螺旋时要稳、轻、慢,不能用力太大。

(5)发现问题,及时向指导教师汇报,不能自行处理。

(6)水准尺必须要有人扶着,决不能立在墙边或靠在电杆上,以防摔坏水准尺。

(7)螺旋转到头要返转回来少许,切勿继续再转,以防脱扣。

(8)瞄准目标必须消除视差。

 思考题

(1)水准仪由哪几部分组成?

(2)水准仪粗略整平有哪些要点?

(3)水准仪照准水准尺的要点有哪些?

(4)简述水准尺读数要点(提示估读到哪一位,共需读几位数)。

(5)消除视差的方法有哪些?

 记录表

记录表见书后表1-1《水准仪读数练习记录表》。

项目二　等外闭合水准路线测量

技能要求

（1）使学生熟悉仪器构件及操作，掌握等外水准测量的观测、记录及数据处理方法。

（2）熟悉等外水准测量的主要技术指标。

仪器精度不低于 S_{10} 型的水准仪；视线长 ≤100m；前、后视距差 ≤10m；前、后视距累计 ≤ ±50m；黑、红面读数差 ≤ ±4mm；黑、红面高差之差 ≤ ±6mm，线路高差闭合差的容许值为 ± $40\sqrt{L}$ mm，L 为线路总长（单位：km）。

仪器与工具

（1）DS_3 水准仪 1 台（配脚架）、双面水准尺 1 对、记录板 1 块、尺垫 2 个、测伞 1 把。

（2）铅笔、小刀、计算器等自备。

实训内容

（1）选定一条闭合或附合水准路线，其长度以安置 4～6 个测站为宜。沿线标定待定点的地面标志。

（2）在起点与第一个立尺点之间设站，安置好水准以后，按下列顺序观测：

①顺序："后后前前（黑红黑红）"；一般一对尺子交替使用。

②读数：黑面"三丝法"（上、下、中丝）读数，红面仅读中丝。安置水准仪的测站至前、后视立尺点的距离，应该用步测使其相等。在每一测站，按下列顺序进行观测：

后视水准尺黑色面，读上、下丝读数，精平，读中丝读数；

后视水准尺红色面，精平，读中丝读数。

前视水准尺黑色面，读上、下丝读数，精平，读中丝读数；

前视水准尺红色面，精平，读中丝读数。

注意事项

（1）等外闭合水准路线和等外附合水准路线，其长度均不应超过 15km；等外支水准路线其长度不得超过 5km。

（2）等外交叉水准路线：由多个高级水准点出发的各水准路线相互交叉，交叉点称为节点，节点间路线长度不应超过 10km。

（3）等外水准测量可以使用 DS_{10}、DS_3 级别的水准仪进行，开始作业前应对水准尺和水准仪进行检验和校正。

（4）一般采用双面尺进行黑红面读数。

（5）在每一测段的水准测量中，各个测站按顺序编号。

（6）仪器的架设高度尽量根据观测者的身高来确定。

（7）视距 =（上丝读数 – 下丝读数）× 100。

 思考题

（1）水准路线总长是否等于视距之和？试说明理由。
（2）简述高差平差的方法与步骤。

 记录表

记录表见书后表 2-1《等外水准测量记录表》。

项目三 水准仪的检验与校正

技能要求

（1）了解微倾式水准仪各轴线应满足的条件。

（2）掌握水准仪检验和校正的方法。

（3）要求校正后，i 角值不超过 $20''$，其他条件校正到无明显偏差为止。

仪器与工具

（1）DS₃ 水准仪 1 台，水准尺 2 支，尺垫 2 个，钢尺 1 把，校正针 1 根，小螺丝旋具 1 个，记录板 1 块。

（2）自备：计算器、铅笔、小刀、草稿纸。

实训内容

每组完成圆水准器、十字丝横丝、水准管平行于视准轴（i 角）三项基本检验。

（1）要点：进行 i 角检验时，要仔细测量，保证精度，才能把仪器误差与观测误差区分。

（2）流程：圆水准器检校→十字丝横丝检校→水准管平行于视准轴（i 角）检校。

①圆水准器轴平行于仪器竖轴的检验与校正。

检验：

转动脚螺旋使圆水准气泡居中，将仪器绕竖轴旋转 180° 后，若气泡仍居中，则说明圆水准器轴平行于仪器竖轴，否则需要校正。

校正：

先稍松圆水准器底部中央的紧固螺钉，再拨动圆水准器的校正螺钉，使气泡返回偏离量的一半，然后转动脚螺旋使气泡居中。如此反复检校，直到圆水准器在任何位置时，气泡都在刻画圈内为止。最后旋紧紧固螺旋。

②十字丝横丝垂直于仪器竖轴的检验与校正。

检验：

以十字丝横丝一端瞄准约 20m 处一细小目标点，转动水平微动螺旋，若横丝始终不离开目标点，则说明十字丝横丝垂直于仪器竖轴，否则需要校正。

校正：

旋下十字丝分划板护罩，用小螺丝刀松开十字丝分划板的固定螺钉，微略转动十字丝分划板，使转动水平微动螺旋时横丝不离开目标点。如此反复检校，直至满足要求。最后将固定螺钉旋紧，并旋上护罩。

③水准管轴与视准轴平行关系的检验与校正。

检验：

a. 如图 3-1 所示，选择相距约 100m 平坦且通视良好的两点 A、B，在 A、B 两点上放置尺垫或各打一个木桩固定其点位并竖立水准尺。

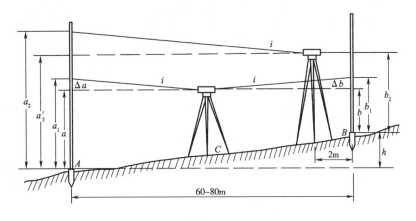

图 3-1　水准管轴平行于视准轴的检验

b. 水准仪置于距 A、B 两点等远处的 C 位置，经过整平后，分别观测 A、B 两点上的水准尺读数为 a_1、b_1，则 A、B 两点的高差为 $h_{AB} = a_1 - b_1$。为了保证所测两点高差的准确性，一般用变换仪器高法测定 A、B 两点间的高差，两次高差之差不超过 3mm 时，可取平均值作为正确高差 h_{AB}。

如图 3-1 所示，假如水准仪的视准轴不平行于水准管轴，存在倾斜角 i，但由于仪器架在中间时，$\Delta a = \Delta b$，则 $h_{AB} = a_1 - b_1 = (a + \Delta a) - (b + \Delta b) = a - b$。

这说明当仪器架设在两点中间时，测出的两点高差不受视准轴倾斜的影响，这就是为什么在水准测量时仪器要尽量架设在前后两尺点中间的原因。

c. 再把水准仪置于离 B 点约 $2 \sim 3$m 的位置，精平仪器后读取近尺 B 上的读数 b_2。

d. 计算远尺 A 上的正确读数值 a'_2：

$$a'_2 = b_2 + h_{AB}$$

e. 照准远尺 A，旋转微倾螺旋，将水准仪横丝对准尺上计算读数 a'_2，这时如果水准管气泡居中，即符合气泡影像符合，则说明视准轴与水准管轴平行；否则应进行校正。

校正：

a. 重新旋转水准仪微倾螺旋，使视准轴对准 B 尺读数 b_2，这时水准管符合气泡影像错开，即水准管气泡不居中。

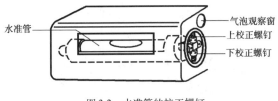

图 3-2　水准管的校正螺钉

b. 如图 3-2，用校正针先松开水准管左右校正螺钉，再拨动上下两个校正螺钉〔先松上（下）边的螺钉，再紧下（上）边的螺钉〕，直到使符合气泡影像符合为止。此项工作要重复进行几次，直到符合要求为止。

注意：用校正针拨动上、下校正螺钉时，应先松后紧，以防损坏校正螺钉。

注意事项

（1）每站观测结束后应当即计算检核，若有超限则重测该测站。全路线施测计算完毕，各项检核均已符合，路线闭合差也在限差之内，即可收测。

（2）有关技术指标的限差规定，见表 3-1。

等级	视线高度（m）	视距长度（m）	前后视觉差（m）	前后视距累积差（m）	黑、红面分画读数差（mm）	黑、红面分画所测高差之差（mm）	路线闭合差（mm）
四	>0.2	≤80	≤3.0	≤10.0	3.0	5.0	± 20√L

注:表中 L 为路线总长,以 km 为单位。

（3）四等水准测量作业的集体观念很强,全组人员一定要互相合作,密切配合,相互体谅。

（4）记录者要认真负责,当听到观测值所报读数后,要回报给观测者,经默许后,方可记入记录表中。如果发现有超限现象,立即告诉观测者进行重测。

（5）严禁为了快出成果,转抄、照抄、涂改原始数据。记录的字迹要工整、整齐、清洁。

（6）四等水准测量记录表内括号中的数,表示观测读数与计算的顺序。（1）~（8）为记录顺序,（9）~（18）为计算顺序。

（7）仪器前后尺视距一般不超过 80m。

（8）双面水准尺每两根为一组,其中一根尺常数 $K_1 = 4.687m$,另一根尺常数 $K_2 = 4.787m$,两尺的红面读数相差 0.100m（即 4.687 与 4.787 之差）。当第一测站前尺位置决定以后,两根尺要交替前进,即后变前,前变后,不能搞乱。在记录表中的方向及尺号栏内要写明尺号,在备注栏内写明相应尺号的 K 值。起点高程可采用假定高程,即设 $H_0 = 100.00m$。

（9）四等水准测量记录计算比较复杂,要多想多练,步步校核,熟中取巧。

（10）四等水准测量在一个测站的观测顺序应为:后视黑面三丝读数,前视黑面三丝读数,前视红面中丝读数,后视红面中丝读数,称为"后-前-前-后"顺序。当沿土质坚实的路线进行测量时,也可以用"后-后-前-前"的观测顺序。

 思考题

（1）圆水准器轴平行于仪器竖轴的检验与校正（见图 3-3）

提示:转动脚螺旋,使圆水准器气泡居中,将仪器绕竖轴旋转180°。如果气泡仍居中,则条件满足;如果气泡偏出分划圈外,则需校正。

  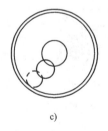 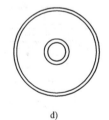

a)　　　　　　　　b)　　　　　　　　c)　　　　　　　　d)

图 3-3　圆水准器的检验与校正

圆水准器气泡居中后,将望远镜旋转180°后,气泡＿＿＿＿＿＿（填"居中"或"不居中"）。

校核方法:＿＿＿＿＿＿＿＿＿＿＿＿＿＿＿＿＿＿＿＿＿＿＿＿＿＿＿。

（2）十字丝中丝垂直于仪器竖轴的检验与校正（见图 3-4）

在墙上找一点,使其恰好位于水准仪望远镜十字丝左端的横丝上,旋转水平微动螺旋,用望远镜右端对准该点,观察该点＿＿＿＿＿＿（填"是"或"否"）仍位于十字丝右端的横丝上。

校正方法：

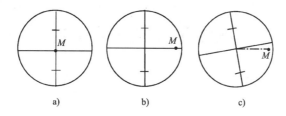

图 3-4　十字丝中丝垂直于仪器竖轴的检验

（3）水准管轴平行于视准轴（i 角）的检验（见图 3-5）

提示：仪器架在 C 点，测高差 $h_1 = a_1 - b_1$，改变仪器高度，又读得 a'_1 和 b'_1 得高差 $h'_1 = a'_1 - b'_1$。若 $h_1 - h'_1 \leqslant \pm 3\mathrm{mm}$，则取两次高差的平均值，作为正确高差 h_{AB}。

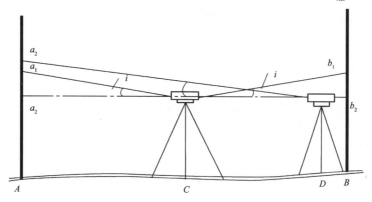

图 3-5　水准管轴平行于视准轴的检验

 记录表

记录表见书后表 3-2《水准管轴平行于视准轴的检验记录表》。

项目四 四等水准测量

技能要求

(1)进一步熟练水准仪的操作,掌握用双面水准尺进行四等水准测量的观测、记录与计算方法。

(2)熟悉四等水准测量的主要技术指标,掌握测站及线路的检核方法。

视线高度 >0.2m;视线长度 ≤80m;前后视视距差 ≤5m;前后视距累积差 ≤10m;红黑面读数差 ≤3mm;红黑面高差之差 ≤5mm,线路高差闭合差的容许值为 $\pm 20\sqrt{L}$ mm,L 为线路总长(单位:km)。

仪器与工具

DS$_3$ 水准仪 1 台,双面水准尺 2 支,记录板 1 块。

实训内容

按四等水准测量要求,每组完成一个闭合水准环的观测任务。

(1)要点:

①顺序:"后前前后(黑黑红红)";一般一对尺子交替使用。

②读数:黑面"三丝法"(上、下、中丝)读数,红面仅读中丝。安置水准仪的测站至前、后视立尺点的距离,应该用步测使其相等。在每一测站,按下列顺序进行观测:

后视水准尺黑色面,读上、下丝读数,精平,读中丝读数;

前视水准尺黑色面,读上、下丝读数,精平,读中丝读数;

前视水准尺红色面,精平,读中丝读数;

后视水准尺红色面,精平,读中丝读数。

(2)流程(见图 4-1)

图 4-1 流程

①从某一水准点出发,选定一条闭合水准路线。路线长度 100 ~ 200,设置 3 ~ 5 站,视线长度 30m 左右。

每站读数结束[(1) ~ (8)],随即进行各项计算[(9) ~ (16)],并按技术指标进行检验,满足限差后方能搬站。

②依次设站,用相同方法进行观测,直到线路终点,计算线路的高差闭合差。

注意事项

(1)四等水准测量比工程水准测量有更严格的技术规定,要求达到更高的精度。其关键在于:前后视距相等(在限差以内);从后视转为前视(或相反),望远镜不能重新调焦;水准尺应完全竖直,最好用附有圆水准器的水准尺。

(2)每站观测结束,已经立即进行计算和进行规定的检核,若有超限,则应重测该站。全线路观测完毕,线路高差闭合差在容许范围以内,方可收测,结束实训。

 记录表

记录表见书后表4-1《四等水准测量记录表》。

项目五　全站仪测量技术

技能要求

（1）熟悉全站仪的构造。
（2）熟悉全站仪的操作界面及作用。
（3）掌握全站仪的基本使用方法。

仪器与工具

全站仪 1 台,棱镜 1 块,测伞 1 把。

实训内容

（1）全站仪的认识（南方测绘 NTS—332R）

全站仪由照准部、基座、水平度盘等部分组成,采用编码度盘或光栅度盘,读数方式为电子显示。有功能操作键及电源,还配有数据通信接口。如图 5-1 所示。

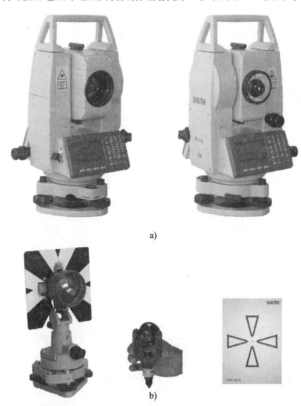

a)

b)

图 5-1

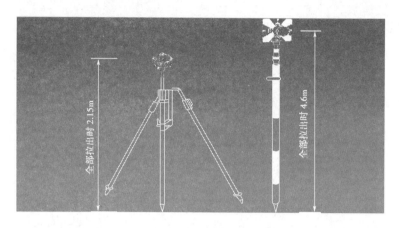

c)

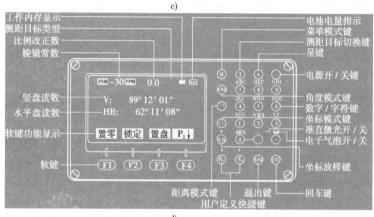

d)

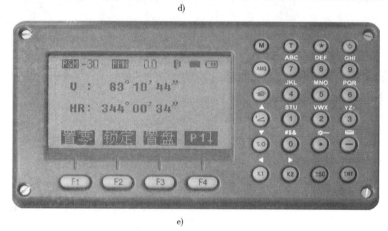

e)

图 5-1 全站仪(南方测绘 NTS—332R)

（2）全站仪的使用

①测量前的准备工作。

a. 电池的安装，注意测量前电池电量应充足，把电池盒底部的导块插入装电池的导孔，按电池盒的顶部直至听到"咔嚓"响声。向下按解锁钮，取出电池。

b. 仪器的安置。在实训场地上选择一点，作为测站；另外两点作为观测点，将全站仪安置于点，对中、整平，在两点分别安置棱镜。

c.按住$\textcircled{\mbox{}}$键1s开机,显示机载软件版本信息(见图5-2);

旋转望远镜,视准轴通过水平方向;

蜂鸣声响过,进入角度测量模式界面(出厂设置);

在开机状态下,按住$\textcircled{\mbox{}}$键3s关机;

按$\textcircled{\text{ESC}}$键——退出当前菜单并返回上一级菜单。

图5-2 全站仪的使用

d.调焦与照准目标。操作步骤与一般经纬仪相同,注意消除视差。

②角度测量。

a.首先从显示屏上确定是否处于角度测量模式,如果不是,则按操作转换为角度测量模式。

b.盘左瞄准左目标A,按置零键,使水平度盘读数显示为$00°00'00''$,顺时针旋转照准部,瞄准右目标B,读取显示读数。

c.同样方法可以进行盘右观测。

d.如果测竖直角,可在读取水平度盘的同时读取竖盘的显示读数。

③距离测量。

a.首先从显示屏上确定是否处于距离测量模式,如果不是,则按操作键转换为距离测量模式。

b.照准棱镜中心,这时显示屏上能显示箭头前进的动画,前进结束则完成距离测量,得出距离,HD为水平距离,VD为倾斜距离。

④坐标测量。

a.首先从显示屏上确定是否处于坐标测量模式,如果不是,则按操作键转换为坐标模式。

b.输入本站点O点及后视点坐标,以及仪器高、棱镜高。

c.瞄准棱镜中心,这时显示屏上能显示箭头前进的动画,前进结束则完成坐标测量,得出点的坐标。

角度、距离和坐标测量模式,如图5-3所示。

 注意事项

(1)运输仪器时,应采用原装的包装箱运输、搬动。

(2)近距离将仪器和脚架一起搬动时,应保持仪器竖直向上。

(3)拔出插头之前应先关机。在测量过程中,若拔出插头,则可能丢失数据。

(4)换电池前必须关机。

(5)仪器只能存放在干燥的室内。充电时,周围温度应在10~30℃之间。

（6）全站仪是精密贵重的测量仪器，要防日晒、防雨淋、防碰撞振动。严禁将仪器直接照准太阳。

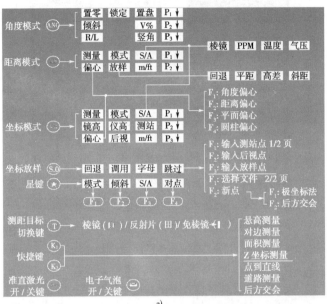

a)

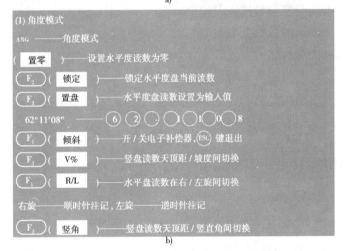

b)

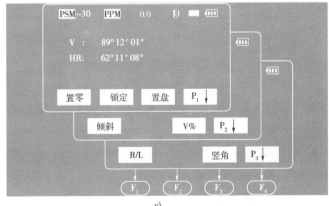

c)

图 5-3

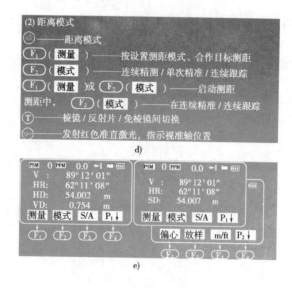

图 5-3　角度、距离和坐标测量模式

 思考题

（1）为什么在测距时要测量气压及温度？

（2）为什么每次测出的数值会有差异？

（3）什么是固定误差和比例误差？为什么要进行这两项改正？

（4）用全站仪进行多测回水平角观测时，是否在测回间分配读盘？为什么？

（5）什么是棱镜常数？不同的棱镜其常数是否是一样的？如何输入棱镜常数？

 记录表

记录表见书后表 5-1《水平角测回法记录表》、表 5-2《水平角方向观测法记录表》、表 5-3《竖直角记录表》。

项目六　测回法测水平角

技能要求

(1)掌握测回法测量水平角的方法、记录与计算。

(2)每人对同一角度观测两测回,上、下半测回角值之差不得超过 ±40″,各测回角值互差不得大于 ±24″。

仪器与工具

DJ₆ 经纬仪 1 台,测钎 2 只(见图 6-1),记录板 1 块,测伞 1 把。

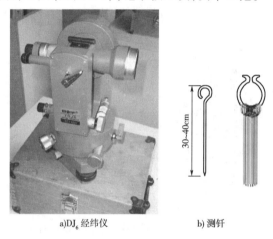

a)DJ₆ 经纬仪　　　　b) 测钎

图 6-1　DJ₆ 经纬仪与测钎

实训内容

(1)每组选一测站点 O 安置仪器,对中、整平后,再选定 A、B 两个目标(见图 6-2)。

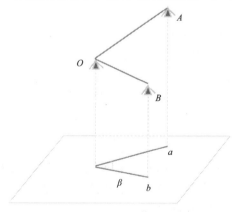

图 6-2　安置仪器,对中、整平、选目标

（2）盘左，转动照准部，瞄准后视点 A，使水平度盘读数略大于零，读取读数 a_1，记入手簿（见图6-3）。

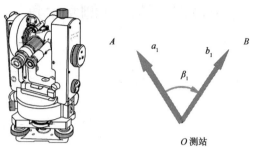

图6-3　盘左观测

（3）顺时针方向转动照准部，瞄准目标 B，读取读数 b_1，记入手簿，则盘左测得水平角 AOB 为 $\beta_左 = b_1 - a_1$。

（4）盘右，瞄准点 B，读 b_2，逆时针转动照准部，瞄准点 A 目标，读数 a_2，则盘右测得 $\beta_右 = b_2 - a_2$。如图6-4所示。

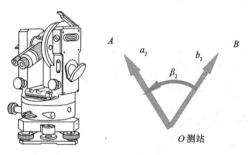

图6-4　盘右观测

（5）若上、下半测回角值之差不大于40″，计算一测回角值 $\beta = (\beta_左 + \beta_右)/2$。

（6）观测第二测回时，应将起始方向安置于90°附近。各测回角值之差不大于 $\pm24″$，则计算平均角值。

　注意事项

（1）仪器要安置稳妥，对中、整平要仔细。

（2）目标不能瞄错，并尽量瞄准目标下端。

（3）观测目标要认真消除视差。

（4）在观测中若发现气泡偏离较多，应废弃重新整平观测。

（5）在测站上应及时计算角值，如果超限，应重测。

　思考题

（1）计算角值 β 时，为什么一定要用 $b - a$？被减数不够减时，为什么要加360°？

（2）在测角过程中，若动了下盘制动或微动螺旋，对角度有何影响？

（3）对中、整平不精确，对测角有何影响？

（4）在第二半测回前，将度盘转动一个角度，对测角有何好处？

(5)测回法测角与较简单法测角(即仅用一个盘位,测一次)相比,有何优点?

(6)若前半个测回测完时,发现水准管气泡偏离中心,重新整平之后仅测下半个测回,然后可否取平均值?为什么?

 记录表

记录表见书后表6-1《水平角测回法记录表》。

项目七　方向观测法测水平角

技能要求

（1）掌握方向观测法测水平角的方法、记录与计算。

（2）每人完成有 4 个观测方向的两测回观测任务，半测回归零差不得超过 ±18″，各测回方向值互差不得超过 ±24″。

仪器与工具

DJ$_6$ 经纬仪 1 台，测钎 4 只（见图 7-1），记录板 1 块，测伞 1 把。

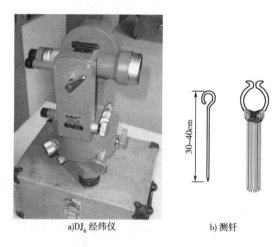

a)DJ$_6$ 经纬仪　　　　b）测钎

图 7-1　DJ$_6$ 经纬仪和测钎

实训内容

（1）每组选一测站点 O 安置仪器，对中、整平后，再选定 A、B、C、D 四个目标，在 A、B、C、D 四个目标中选择一个标志清晰的点作为零方向。

（2）上半测回操作。盘左，瞄准目标 A，将水平度盘读数配置调制在 0°左右（成 A 点方向为零方向），检查瞄准情况后读取水平方向度盘，记入观测手簿。松开制动螺旋，顺时针转动照准部，依次瞄准 B、C、D 点的照准标志进行观测，其观测顺序依次为 A→B→C→D→A，最后返回到零方向 A 的操作称为上半测回归零，再次观测零方向 A 的读数称为归零差。规范规定，对于 DJ$_6$ 经纬仪，归零差不应大于 18″。盘左观测，如图 7-2 所示。

（3）下半测回操作。纵转望远镜，盘右瞄准照准标志 A，读取数据，记入观测手簿。松动制动螺旋，逆时针转动照准部，一次瞄准 D、C、B、A 点的照准标志后进行观测，其观测顺序为 A→D→C→B→A，最后返回到零方向 A 的操作称下半测回归零。至此，一测回的观测操作完成。盘右观测，如图 7-3 所示。

如需观测几个测回，各测回零方向应以 180°/n 为增量配置水平度盘读数。

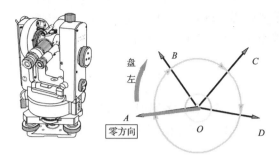

图 7-2 盘左观测

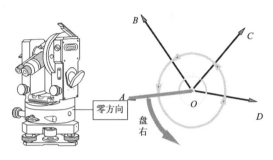

图 7-3 盘右观测

（4）计算步骤：

①计算 2c 值（又称两倍照准差）。

$$2c = 盘左读数 - （盘右读数 \pm 180°）$$

上式中，盘右读数大于 180° 时取" - "号，盘右读数小于 180° 时取" + "号。一测回内各方向 2c 值互差不应超过 $\pm 18''$（DJ_6 光学经纬仪）。如果超限，则应重新测量。

②计算各方向的平均读数。

平均读数又称为各方向的方向值。

$$平均读数 = \frac{盘左读数 + （盘右读数 \pm 180°）}{2}$$

计算时，以盘左读数为准，将盘右读数加或减 180° 后，和盘左读数取平均值。起始方向有两个平均读数，故应再取其平均值。

③计算归零后的方向值。

将各方向的平均读数减去起始方向的平均读数（括号内数值），即得各方向的"归零后方向值"，起始方向归零后的方向值为零。

（5）观测第二测回时，应将起始方向安置于 90° 附近。同一方向值各测回互差，符合 $\pm 24''$（DJ_6 光学经纬仪）的误差规定，取各测回归零后方向值的平均值，作为该方向的最后结果。计算各目标间水平角角值，将相邻两方向值相减即可求得。

 注意事项

（1）每半测回观测前，应先旋转照准部 1~2 周。

（2）一测回内，不得重新调焦和两次整平仪器。

（3）选择距离适中、通视良好、成像清晰的方向作为零方向。

（4）使用微动螺旋和测微螺旋时，其最后旋转方向均应为旋进。

（5）管水准气泡偏离中心不得超过 2 格以上。

（6）进行水平角观测时，应尽量照准目标的下部。

 思考题

（1）观测水平角时，若测三个测回，各测回盘左起始方向水平度盘读数应安置为多少？

（2）计算水平夹角时，如果出现负角值则该怎么处理？

 记录表

记录表见书后表 7-1《方向观测法测水平角记录表》。

项目八　GPS 测量技术

技能要求

(1)了解一般静态 GPS 接收机的基本构造,掌握静态 GPS 测量的基本操作方法。

(2)参观一般 GPS 接收机的工作方法、使用的要领,掌握仪器的操作方法。

仪器与工具

GPS 接收机 1 套(三台,带脚架)、小钢卷尺 1 支。

实训内容

(1)安置 GPS 接收机。在开阔地方,分别将 GPS 接收机由仪器箱中取出,在测站上安置仪器,整平、对中,并将它和当时的天气情况记入 GPS 测量手簿,提供电源。

(2)量取天线高。在每时段观测前、后各量取天线高一次,精确至毫米。采用倾斜测量方法,从脚架互成 120°的方向量取三次,互差小于 3mm,取平均值。

(3)启动 GPS 接收机。

①起动方式:按接收机上的 ON/OFF 键大于 3s,直到指示灯闪烁,松开按键。

②根据靠近开关键的指示灯显示情况,可以看出 GPS 接收机的工作情况。

(4)测站记录。观察卫星跟踪、数据量、采样间隔,及电源等信息并记录。

(5)停止测量时,长时间按下 ON/OFF 键(一般 3s 就够了),直到指示灯不再亮为止。

注意事项

(1)GPS 接收机属特贵重设备,实习过程中应严格遵守测量仪器的使用规则。

(2)在测量观测期间内,由于观测条件的不断变化,要注意不时地查看接收机是否工作正常,电池是否够用。

(3)GPS 接收机正常工作状态下,不要再转动或搬动仪器。

(4)GPS 接收机应安置在高度角大于 15°的地方。

(5)正常测量时间应该大于 20min。

思考题

(1)学校现有的 GPS 接收机,属于单频接收机还是双频接收机?

(2)GPS 接收机外业观测时,至少要接收到多少颗卫星?

(3)如何判断 GPS 接收机处于静态观测模式还是动态观测模式?

记录表

记录表见书后表 8-1《GPS 接收机观测记录表》。

第二章

综合技能实训项目

项目九 导线测量

技能要求

（1）掌握地形测量工作的程序和方法。

（2）导线测量的外业工作程序。

（3）导线测量的坐标计算（闭合导线）。

仪器与工具

全站仪 1 套,30 或 50m 钢尺 1 把,小平板 1 块及皮尺 1 把,记录夹 1 个,三角板 1 副及比例尺 1 根,40cm×50cm 聚酯薄膜和白纸各 1 张,胶带纸 1 卷,导线测量记录本 1 个,红油漆 1 桶,毛笔 1 支,水泥钉 1 盒,计算器 1 台。

实训内容

（1）踏勘选点

各组依据本组图幅范围,各选出一条导线,以闭合导线为宜,边长视地形具体情况,一般以 100～150m 为佳。点位宜选在视野开阔且适合设站处,然后设置木桩,木桩顶部钉入小钉作为测站点位标志。

（2）水平角观测

附合导线观测左角或右角,闭合导线观测内角。角度观测用测回法进行,但若一导线点上需要观测三个或三个以上的方向时,则用方向观测法。采用测回法时,应测 1 个测回,上、下半测回角值较差不超过 40″。采用方向观测法时,应测 2 个测回,归零差（3 个方向可以不归零）不超过 18″,各测回同一方向归零后方向值较差限差不超过 24″。

（3）边长测量

按平坦地面的一般丈量方法丈量每条导线边的水平距离。采用钢尺往、返测距,施予标准拉力,换尺段各 3 次读数,读至 ±1mm,较差 ≤ ±3mm,往返均值较差≤边长的 1/3000。

现采用全站仪测量进行。

（4）导线测量的内业计算

准备工作:按照教材上的格式准备计算表格、整理外业观测成果;将起算点坐标、起算方位角,观测导线的各水平角和边长填进计算表格的相应位置。

注意事项

(1)限差要求(表9-1):

限 差 要 求 表 9-1

项 目	要 求	项 目	要 求
导线长度	500～1000m	方位角闭合差	$\pm 60'' \sqrt{n}$
导线边长	30～100m	导线全长相对闭合差	$\dfrac{1}{2000}$

(2)水平角观测注意事项:

观测时,仪器尽量照准相邻两导线点上竖立的标杆下端。如遇到短边观测时,仪器的对中和照准工作都要加倍细心,以免产生过大的误差。

(3)在计算过程中,一定要按照计算顺序依次计算。

 记录表

记录表见书后表9-2《闭合导线坐标计算表》。

项目十　全站仪测绘大比例尺地形图

 技能要求

(1)绘制方格网,展绘控制点。

(2)用全站仪实测地形碎部点。

 仪器与工具

小平板仪 1 架,全站仪 1 台,花杆 1 根,钢、皮尺各 1 盘。

 实训内容

(1)全站仪安置

将全站仪安置在测站点 A 上。打开电源开关,对仪器进行水平度盘定位;分别将棱镜常数、气象改正数(温度、气压)及仪器高 i 通过键盘输入仪器。同时也将测站点高程和棱镜高度输入仪器,然后瞄准后视点并使水平盘读数为 $00°00'00''$,作为碎站定位的起始方向。

(2)跑点

在欲测的碎部点上立棱镜。

(3)读数与记录

对于全站仪,用仪器瞄准棱镜,在显示屏上读取水平角、水平距离和碎部点的高程,记录水平角、水平距离和高程。

(4)图上标定点

小平板仪图板放在测站旁(随意放置)。根据水平角值用量角器以定向点为起始边量取水平角,画出测站点到碎部的方向线,用比例尺量取距离,即得碎站点的平面位置,再在其旁注记高程。

重复(2)、(3)、(4),至一个测站完成。

 注意事项

(1)绘制方格网后进行检查,其边长与理论长度之差不大于 0.2mm,对角线长度与理论值之差不大于 0.3mm。

(2)展绘控制点后,检查两点间的图上距离(在考虑了比例尺后)与实地距离之差不应超过图上 0.3mm。

(3)地形图上的符号与注记,按地形图图示绘制。

 实训报告记录

本次的实训报告为所测绘的地形图;实训记录见书后表 10-1《全站仪测绘地形图记录表》。

项目十一　全站仪恢复中线控制桩测量

技能要求

(1)加强全站仪测量技术。

(2)掌握对中线控制桩的保护、测量方法。

仪器与工具

全站仪 1 台,皮(钢)尺 1 把,桩若干支,铁锤 1 把,铁钉若干颗,等。

实训内容

(1)交点桩的固定

固定交点桩的方法如图 11-1 所示,在交点的前后两条导线的延长线上分别设置 N_1、N_2 和 M_1、M_2 等四个栓桩,并测定四个桩点之间的距离 l_1、l_2、D_1、D_2。这四个栓桩应设置在路基施工影响范围以外,以便于保存。施工中 JD 的位置被破坏,可随时利用 M_1、M_2 以及它们之间的距离进行恢复,并用 N_1 和 N_2 进行复核。

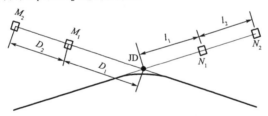

图 11-1　固定交点桩的方法

(2)转点桩的固定

转点桩的固定常采用"骑马桩"法加以保护,如图 11-2a)所示,其中两条方向线用于交出转点桩位,另一条方向线用于复核。

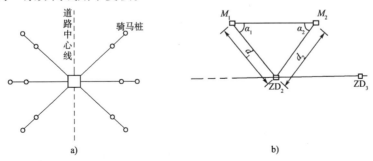

图 11-2　固定转点桩的方法

若不便在路线中线两侧设置"骑马桩",如图 11-2b)所示,可在路基施工影响范围以外的一侧(左侧或右侧)设置两个栓桩 M_1 和 M_2,然后观测水平角 α_1 和 α_2 以及距离 d_1、d_2,如图中 ZD_2 的固定。施工中恢复 ZD_2 时,可在 M_1 点安置全站仪,后视 M_2 点,拨角 α_1,量距

d_1，则得到 ZD_2。同时可在 M_2 点上安置仪器，拨角 α_2，量距 d_2 复核。

 注意事项

（1）全站仪的交会测角要准确，并及时复核。

（2）各转点桩固定后须画草图以供随时查寻。

 **实训报告**

实训报告见书后表 11-1《中线控制桩测量记录表》。

项目十二　圆曲线测设

技能要求

(1)掌握圆曲线主点测设方法。
(2)掌握支距法、偏角法进行圆曲线详细测设方法。

仪器与工具

每组全站仪 1 台,钢尺 1 把,测钎 2 个,记录板 1 个。

实训内容

(1)主点里程的计算与测设
①计算:

$$ZY\ 里程 = JD\ 里程 - T;$$
$$YZ\ 里程 = ZY\ 里程 + L;$$
$$QZ\ 里程 = YZ\ 里程 - L/2;$$
$$JD\ 里程 = QZ\ 里程 + D/2(用于校核)$$

②测设步骤(见图 12-1):
第一步:JD_i 架仪,照准 JD_{i-1},量取 T,得 ZY 点;照准 JD_{i+1},量取 T,得 YZ 点。
第二步:在分角线方向量取 E,得 QZ 点。
(2)详细测量法
①切线支距法(见图 12-2):
第一步:以 ZY 或 YZ 为坐标原点,切线为 X 轴,过原点的半径为 Y 轴,建立坐标系。
第二步:计算出各桩点坐标后,再用方向架、钢尺去丈量。

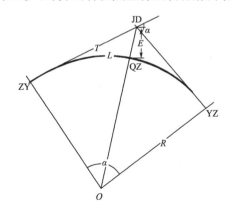

图 12-1　圆曲线的测设步骤

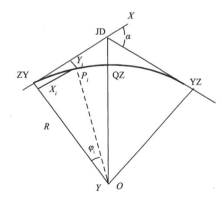

图 12-2　切线支距法

$$x_i = R\sin\varphi_i$$
$$y_i = R(1 - \cos\varphi)$$

式中，$\varphi_i = \dfrac{l_i 180°}{R\pi}$，其中 l_i 为各点至原点的弧长（里程）。

②偏角法（见图 12-3）：

第一步：计算曲线上各桩点至 ZY 或 YZ 的弦线长 c_i 及其与切线的偏角 Δ_i。

第二步：再分别架仪于 ZY 或 YZ 点，拨角、量边。

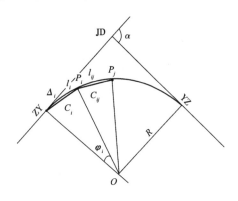

图 12-3　偏角法

$$\Delta_i = \frac{\varphi_i}{2} = \frac{l_i}{R}\frac{90°}{\pi}$$

$c_i = 2R\sin\Delta_i$ 或展开为 $c_i = l_i - \dfrac{l_i^3}{24R^2} + \cdots$。

 注意事项

(1)测点误差不积累，宜以 QZ 为界，将曲线分两部分进行测设。

(2)以全站仪测设时，运用偏角法更合适（在视线良好的情况下）。

 **实训报告**

实训报告见书后表 12-1《切线支距法（整桩号）各桩要素的计算表》、表 12-2《偏角法（整桩号）各桩要素的计算表》。

项目十三　缓和曲线测设

技能要求

(1)熟悉全站仪的使用。

(2)掌握缓和曲线主点与偏角法测设方法。

仪器与工具

每组全站仪1台,钢尺1把,测钎2个,记录板1个。

实训内容

(1)主点测设

主点测设缓和曲线的步骤,如图13-1所示。

JD架仪→瞄准前后JD方向→量取 TH、TH、EH,得 ZH、HZ、QZ→再在 ZH 架仪,按切线支距法,量取(x_0,y_0)得 HY→在 HZ 架仪,按切线支距法,量取(x_0,y_0),得 YH。

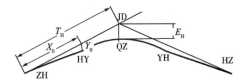

图13-1　主点测设缓和曲线

(2)详细测量(偏角法)

用偏角法对缓和曲线进行详细测量,如图13-2所示。

当点位于缓和曲线时:

$$总偏角(常量)\delta_0 = \frac{l_s}{6R}$$

$$偏角\ \delta = \frac{l^2}{l_s^2}\delta_0$$

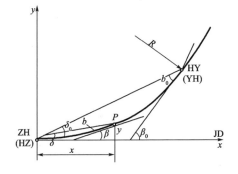

图13-2　用偏角法测量缓和曲线

33

测设方法:用曲线长 l 来代替弦长。放样出第 1 点后,放样第 2 点时,用偏角和距离 l 交会得到。

当点位于圆曲线上时:

测设方法:架仪 HY(或 YH),后视 ZH(或 HZ),拨角 b_0,即找到了切线方向,再按单圆曲线偏角法进行。

$$b_0 = 2\delta_0 = \frac{l_s}{3R}$$

注意事项

(1)明确所测点所处的区域与位置,运用测设与计算公式不同。

(2)计算结果保留两位小数点。

实训报告

实训报告见书后表 13-1《偏角法详细测量记录表》。

项目十四 基平测量

 技能要求

(1)熟悉水准仪的使用。

(2)掌握线路基平测量方法。

 仪器与工具

水准仪 1 架,水准尺 2 支,尺垫 2 个。

 **实训内容**

(1)明确施工水准点的加密原则

施工水准点的加密原则是"从整体到局部、从高级到低级"。因此施工水准点的起终点必须是设计单位提供的水准点。施工水准点加密前应对公路勘察设计定测阶段所布设的水准点进行复测校对。

(2)施工水准点的选点要求

①施工水准点的密度:施工水准点的密度应保证只架设一次仪器就可以放出或测量出所需要的高程,放样视距不宜超过80m。在一个测站上水准测量前后视距最好控制在80m,超过80m则要转站才能继续往前测;如果多次转下去,误差便会因积累而增大,因此从实际需要出发,同时又为了保证测量精度,施工水准点间距最好在160m范围内,在纵坡较大地段,水准点间距可根据实际地形缩短。由于放样距离较近,也就保证了精度满足规范要求。

②在重要结构物附近,宜布设两个以上的施工水准点。放样时,用一点放样,用另一点检查,从而保证放样高程的准确性。

③施工水准点位布设地点:施工水准点位一般是布设在填方路段两侧20m范围内的田坎或布设在与挖方段交接的山坡脚(适宜高填方)等易于保存的地方。当路基工程基本完成,挖方段的排水沟或坡脚砌体也已施工完毕,水准点位可布设在其水泥抹面上。埋设好的水准点要做好标记,方便以后使用。

④施工水准点应埋设牢固,并要妥善保护。施工水准点自开工到竣工验收都在发挥作用,所以点位一定要牢固。用大木棒做点位桩时,要打深打牢,并用水泥加固,棒顶上钉一铁钉,测水准时标尺立在钉上。

⑤施工水准点位编号要醒目、清晰、易识别,例如"K128 + 125 左 – 1"、"K128 +275 右 – 2"等,并用红漆将高程写在点号旁边。这样就能很明显地知道该点是控制那一段的,并可校核所用点高程是否用错。

(3)施工水准点的测设方案

当施工标段只有一个已知水准点时,选用闭合水准路线;当施工标段有两个已知水准点时,选用附合水准路线;当特殊需要,例如涵洞放样等即可考虑选用复测支水准路线。

①一台水准仪往返;

②两台同测(前后不能用同一水准尺)不能二次仪高;

③一台水准仪二次仪高法。

高差容许闭合差:

$$f_{h容许} = \pm 30\sqrt{L}或 \pm 8\sqrt{n}(\text{mm})$$

式中,L 以 km 为单位。

若在大桥两端、隧道进出口:

$$f_{h容许} = \pm 20\sqrt{L}或 \pm 6\sqrt{n}(\text{mm})$$

式中,L 以 km 为单位。若 $f_h \leqslant f_{h容许}$,高差取平均值。

 注意事项

(1)扶尺者要将尺扶直,与观测人员配合好,选择好立尺点。

(2)将水准仪架在离前后尺距离基本相等位置,以消除或减少 i 角误差及其他误差影响。

(3)在转点放尺垫,读完上一站前视读数后,在下站的测量工作未完成之前绝对不能碰动尺垫或弄错转点位置。

 实训报告

实训报告见书后表 14-1《基平水准测量记录表》。

项目十五 中平测量

 技能要求

(1)熟悉水准仪的使用。

(2)掌握线路中平测量方法。

 仪器与工具

水准仪1架,水准尺2支,尺垫2个。

 实训内容

(1)技术要求:

$$视线高程 = 后视点高程 + 后视读数$$
$$中桩高程 = 视线高程 - 中视读数$$
$$转点高程 = 视线高程 - 前视读数$$

(2)实训过程(示例),如图15-1所示。

①水准仪置于I站,后视水准点 BM_5,前视转点 ZD_1,将读数记入表1内后视、前视栏内。然后观测 BM_5 与 ZD_1 间的中间点 K4 + 000、+020、+040、+060,将读数记入中视栏。

②再将仪器搬至II站,后视转点 ZD_1,前视转点 ZD_2,将读数记入表格后视、前视栏内。然后观测各中间点 +080、+100、+120、+140,将读数分别记入相应的中视栏。

按上述方法继续前测,直至附合于下一个水准点。

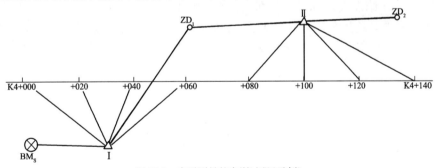

图 15-1 中平测量的实训过程(示例)

 注意事项

(1)扶尺者要将尺扶直,与观测人员配合好,选择好立尺点。

(2)在转点放尺垫,读完上一站前视读数后,在下站的测量工作未完成之前绝对不能碰动尺垫或弄错转点位置。

 实训报告

实训报告见书后表15-1《中平测量记录表》。

项目十六　横断面测量以及横断面图的绘制

技能要求

（1）掌握横断面方向的测定方法。

（2）把握三种横断面测量的方法。

（3）学会横断面图绘制。通过横断面图的绘制，培养实际操作能力、计算能力和绘图能力。

仪器与工具

每组自动安平水准仪或全站仪 1 台，塔尺 2 把，皮尺 1 把，方向架 1 个，花杆 2 个，记录板 1 个。

实训内容

（1）横断面方向的测定

直线段上横断面方向的测定：如图 16-1 所示方向架，将方向架置于桩点上，方向架上有两个相互垂直的固定片，用其中一个瞄准该直线段上任一中桩，另一个所指明方向即为该桩点的横断面方向。

（2）圆曲线上横断面方向的测定

测定圆曲线上某桩点 p_i 的横断面方向（见图 16-2）：首先将求心方向架置于 ZY（或 YZ）点上，用固定片 aa' 瞄准交点，aa' 即为切线方向，则另一固定片 bb' 所指明方向即为 ZY（或 YZ）点的横断面方向。其次保持方向架不动，转动活动片 cc' 瞄准 i 点并将其固定，然后将方向架搬至 i 点。最后用固定片 bb' 瞄准 ZY（YZ）点，则活动片 cc' 所指明方向即为 p_i 点的横断面方向。

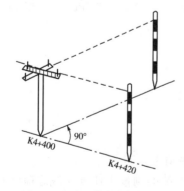

图 16-1　桩点的横断面方向测定

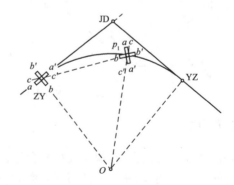

图 16-2　圆曲线上横断面方向的测定

（3）缓和曲线上横断面方向的测定

如图 16-3 所示，p_1、p_2 为缓和曲线上的两点，现要测设 p_1 的横断面方向，方法如下：

根据缓和曲线公式计算出回旋线在 p_1 点切线角为：

$$\beta_1 = \frac{l_1^2}{RL_s} \frac{90}{\pi}$$

根据独立坐标系中 p_1、p_2 的坐标求出弦线 $p_1 p_2$ 的方位角 θ_{12}；弦线 p_1、p_2 与 p_1 点切线的水平夹角 δ_1 为 $\delta_1 = 90° - \beta_1 - \theta_{12}$；在 p_1 点安置经纬仪，照准 p_2 点，将水平度盘读数配置为 $0°00'00''$，则水平度盘读数为 δ_1 的方向即为回旋线在 p_1 点的切线方向，$90° + \delta_1$ 方向即为横断面方向。

（4）横断面测量的方法

①标杆皮尺法（抬杆法）：

如图 16-4 所示，要进行横断面测量，根据地面情况选定变坡点 1、2、3、…。将标杆竖立于 1 点上，皮尺靠中桩地面拉平，量出桩点至 1 点的水平距离，而皮尺截于标杆的红白格数（每格为 0.2m）即为两点间的高差。同法可判得 1 点与 2 点、2 点与 3 点、……的距离和高差。书后表 16-1 中按路线前进方向分左、右侧，分数形式表示各测段的高差和距离，分子表示高差，正号为升高，负号为降低，分母表示距离。自中桩由近及远逐段测量与记录。

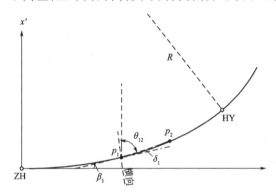

图 16-3 缓和曲线上横断面方向的测定

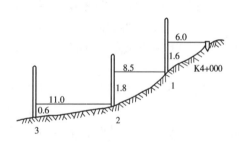

图 16-4 用标杆皮尺法（抬杆法）进行横断面测量

②水准仪皮尺法：

如图 16-5 所示，水准仪安置后，以中桩点为后视，在横断面方向的变坡点上立尺进行前视读数，并用皮尺量出各变坡点至中桩的水平距离。水准尺读数准确到厘米，水平距离准确到分米，记录格式见书后表 16-2 所示。此法测量精度较高，只适用于断面较宽的平坦地区，但安置一次仪器，可以测各个断面，如图 16-6 所示。

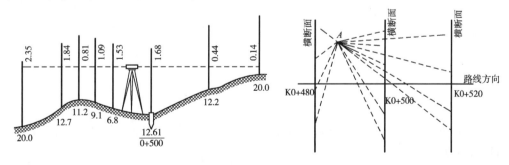

图 16-5 用水准仪皮尺法进行横断面测量　　图 16-6 用水准仪在平坦地区测量各个断面

③全站仪法：

使用光电测距的方法测量出地面特征点与中桩的平距和高差，该法适用于任何地形条件。利用光电测距仪测量横断面，不仅速度快、精度高，而且安置一次仪器可以测多个断面。

检测限差应符合下表的规定。

横断面检测限差

公 路 等 级	距 离（m）	高 程（m）
高速公路、一级公路	$\pm(0.1+L/100)$	$\pm(0.1+h/100+L/200)$
二级及二级以下公路	$\pm(0.1+L/50)$	$\pm(0.1+h/50+L/100)$

注：表中 L 为测点至中桩点的水平距离；h 为测点与中桩点间的高差。

（5）横断面图的绘制

横断面图一般采取在现场边测边绘，这样既可省略记录工作，也能及时在现场核对，减少差错。如遇不便现场绘图的情况，须做好记录工作，带回室内绘图，再到现场核对。

横断面图的比例尺一般是 1:200 或 1:100，横断面图绘在米厘方格纸上，图幅为 350mm ×500mm，每 1cm 有一细线条，每 5cm 有一粗线条，细线间一小格是 1mm。

横断面图的绘制步骤如下：

①地面线。

绘图时以一条纵向粗线为中线，以纵线、横线相交点为中桩位置，向左右两侧绘制。先标注中桩的桩号，再用铅笔根据水平距离和高差，将变坡点点在图纸上，然后用小三角板将这些点连接起来，就得到横断面的地面线。一幅图上可绘多个断面图，一般规定：绘图顺序（见图 16-7）是从图纸左下方起，自下而上、由左向右，依次按桩号绘制。

②设计线。

横断面图地面线画好后，就可以进行俗称"戴帽子"的工作。

经路基设计，先在透明纸上按与横断面图相同的比例尺分别绘出路堑、路堤和半填半挖的路基设计线，称为标准断面图；然后按纵断面图上该中桩的设计高程把标准断面图套在实测的横断面图上，也可将路基断面设计线直接画在横断面图上，绘制成路基断面图（见图 16-8）。

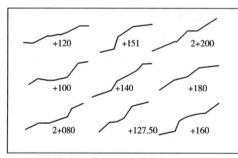

图 16-7　地面线的绘图顺序

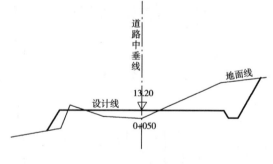

图 16-8　路基断面图

③填挖面积计算。

每个断面的填、挖面积分别计算，根据横断面的填、挖面积及相邻中桩的桩号，可以算出施工的土、石方量。

🔊 **注意事项**

（1）横断面测量中的距离和高差一般准确到 0.1m。

（2）由于视线长，为防止各断面点互相混淆，应画草图，做好记录。

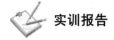 **实训报告**

实训报告见书后表 16-1《抬杆法横断面测量记录表》、表 16-2《水准仪皮尺法横断面测量记录表》和表 16-3《线路中桩横断面测量外业记录表》。

项目十七　路基坡脚桩、坡顶桩放样

技能要求

(1)熟悉全站仪的操作。
(2)了解编程计算器的使用。
(3)掌握利用全站仪测设路基坡脚桩、坡顶桩的方法。

仪器与工具

全站仪,棱镜,编程计算器,铁锤,木桩,工具包,皮尺。

实训内容

(1)导线点及中边桩放样成果、横断面数据整理。

根据此前进行的中边桩放样实训项目的坐标数据,进行若干个断面的检查、复核或恢复中边桩工作,以便确定坡脚桩、坡顶桩放样实训所在横断面及现场工作面。

根据前一实训项目,准备好所选横断面的数据资料:横断面设计图、中桩高程和中桩填挖高度。

(2)如图 17-1 所示,路堑堑顶桩中心桩的水平距离为:

斜坡下侧:

$$D_{OP} = b/2 + (s+n) + m(h_{中} - h_{下})$$

斜坡上侧:

$$D_{OQ} = b/2 + (s+n) + m(h_{中} + h_{上})$$

式中:b、s、m 和 h 中为已知;

$h_{上}$、$h_{下}$——斜坡上、下侧堑顶桩与中桩的高差(均以其绝对值代入),在边桩未定出之前为未知数。

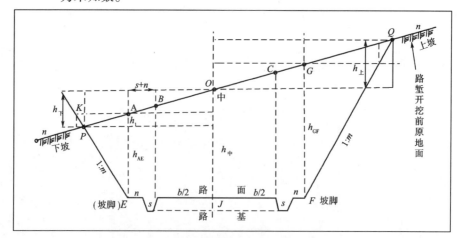

图 17-1　采用逐渐趋近法测设边桩

以上两式可合并为：

$$D = b/2 + (s + n) + m(h_{中} + H - H_{中})$$

式中：H——斜坡上、下侧堑顶桩高程。

采用逐渐趋近法测设边桩：

先根据地面实际情况，并参考路基横断面图，估计边桩的位置，然后测出该估计位置与中桩的高差，并以此作为 $h_{上}$、$h_{下}$，并据此在实地定出其位置。若估计位置与其相符，即得边桩位置；否则应按实测资料重新估计边桩位置，重复上述工作，直至相符为止。如图 17-1 所示。

用下述步骤在实地放出堑顶桩：

①在横断面图量出堑顶至中桩的距离 $D_{OP'}$ 及 $D_{OQ'}$，并依次填入放样表格中；

②根据堑顶桩的距离值，用全站仪对边测量模式放出左右堑顶桩的初步位置，同时用全站仪将初步得到堑顶的高程 H 测出；

③将 H 代入公式，将计算出的 D_{OP} 及 D_{OQ} 与在实测量出的 d_{OP} 及 $d_{OQ'}$ 进行比较，根据其差值 $d - D$ 再调整左右堑顶桩的位置；

④移动得新位置后，及时用全站仪测出其至中桩距离 d 及高程 H，再算出 $d - D$，直到实量长度 d 与计算长度 D 相等为止，此时点位即为要放样的桩。

（3）填方路基原理方法类似。

坡底桩至中心桩的水平距离为：

$$D = b/2 + m(h_{中} - H + H_{中})$$

 注意事项

（1）场地的选择应尽量使用有自然起伏的地貌，避免使用过于平坦地面。同时采用若干半挖半填横断面进行训练及考核，适当增加难度。

（2）逐渐趋近法移动棱镜时应利用已钉设中边桩，在其延长线方向上（横断面方向）移动。若 $d - D$ 为正，则往中桩方向移动，否则往外侧移动，移动幅度应小于 $d - D$ 的绝对值。

（3）为保证路基边缘压实度和修坡的需要，填方路基两侧设计时都要宽出至少 20cm，放样时须把此值加上。

（4）计算过程应利用编程计算器进行，测量前在程序里输入该路段所包含边坡坡度、路基及边沟宽度等基本数据，在放样过程中再按程序提示分别输入该断面中桩数据及实测数据，由计算器程序即时算出 $d - D$。

（5）测量前及放样中及时填写数据到书后表 17-1《路基坡顶（底）桩放样记录表》中。

 实训报告

实训报告见书后表 17-1《路基坡顶（底）桩放样记录表》。

 成绩考核

（1）现场已设好一个横断面的 1 中桩及 2 边桩，以 2 人为一小组进行考核，观测及记录计算 1 人，棱镜及钉桩 1 人。

（2）2 名考生经轮换考核该断面 2 个坡顶（底）桩的放样，观测者为考核对象，对应放样成果。

（3）根据放样记录表，每个桩误差在 0.4m 内为合格，0.2m 内为良好，0.1m 内为优秀（教师应事先组织学生放出桩位并测出坐标值，以便考核时能复核考生所记录的放样精度）。

（4）时间要求：从教师将路段及横断面数据及计算器交予考生开始，到考生定桩并提交记录表格结束，每个桩要求 10min 内完成（包含学生修改程序数据并架设仪器），时间超出为不合格。

项目十八　路面结构层高程放样

 技能要求

（1）熟悉面层各结构层中桩、边桩高程计算。

（2）熟悉水准仪的放样。

（3）掌握路面高程放样方法。

 仪器与工具

水准仪，水准尺，铁锤，钢钎（竹桩），粉笔。

 实训内容

（1）准备各结构层设计高程数据

①依据"路线纵断面图"数据以及"路面横断面结构图"上提供的各结构层的厚度，计算上面层各结构层中桩高程。

②依据各结构层中桩高程、半幅路宽、横坡、超高缓和曲线要素，计算各结构层左右边桩高程。

③准备施工标段中桩、左右边桩"高程放样数据表"。

（2）各结构层高程放样

在施工实践中，常采用水准仪"视线高法"进行设计高程放样，需要根据仪器"视线高"及各个桩位的设计高程，在现场计算出各个桩位的"视线读数"，即：

$$视线读数 = 视线高 - 设计高程$$

然后根据"视线读数"在点位上的钢钎（竹桩）侧面画线，此线条即是待放样点的设计高程面。

划出设计高程线后，还须注意"施工高程"（考虑了填料"松铺系数"以后的高程），如图18-1 所示。

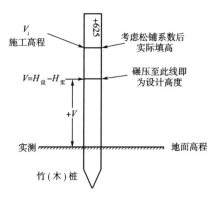

图 18-1　各结构层高程放样

注意事项

（1）每小组完成 3～6 个断面的路面某结构层放样，做好计算、观测、跑尺画线任务的轮换。

（2）放样点位可利用之前已钉设中边桩位置，或者由教师提供数据、由小组用全站仪放样并用钢钎（竹桩）于当日事先在现场标定好 3～6 个断面的放样点位。

（3）"路面横断面结构图"由教师提供给各小组，包含路宽、横坡等数据（例图 18-2 如下，可根据情况增加超高缓和曲线要素以提高难度）。

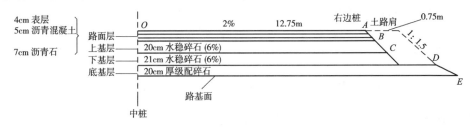

图 18-2　路面横断面结构

（4）应注意高等级公路与二、三、四级公路设计高程位置不同，会影响到各结构层放样桩位的高程计算。

（5）施工高程由《公路路面基层施工技术规范》（JTJ 034—2000）规定的松铺系数确定。高程放样完毕后用细线绳将相邻桩位的施工高程连接（要求拉紧拉直）。

 实训报告

实训报告见书后表 18-1《路面结构层高程放样数据表》。

第三部分 公路测量工技能考核项目

A 题 闭合水准路线测量

 考核内容

(1)用普通水准测量方法完成闭合水准路线测量工作。

(2)完成该段水准路线的记录和计算校核并求出高差闭合差。

(3)使用自动安平水准仪时,要求补偿指标线不脱离小三角形。

 考核要求

(1)设 3～4 个转点或 300m 以上路线长度。

(2)严格按操作规程作业。

(3)记录、计算完整,清洁,字体工整,无错误。

(4)设置考场平坦时 $f_{允许} \leq \pm 12mm$。

 考核标准

(1)以时间 T 为评分主要依据,如下表所示,评分标准分四个等级制定,具体分数由所在等级内插评分,表中 M 代表分数。即每少 1′加 1 分,10′以内每少 1′加 2 分。

考 核 项 目	评分标准(以时间 T 为评分主要依据)			
	$M \geq 85$	$85 > M \geq 75$	$75 > M \geq 60$	$M < 60$
闭合水准路线测量	$T \leq 10'$	$10' < T \leq 15'$	$15' < T \leq 25'$	$T > 25'$

(2)根据圆水准气泡和补偿指标线不脱离小三角形情况,扣 1～5 分。

(3)根据卷面整洁情况,扣 1～5 分(记录划去 1 处扣 1 分,合计不超过 5 分)。

 考核说明

(1)考核过程中任何人不得提示,各人应独立完成仪器操作、记录、计算及校核工作。

(2)主考人有权随时检查是否符合操作规程及技术要求,但应相应折减所影响的时间。

(3)若有作弊行为,一经发现一律按零分处理,不得参加补考。

(4)考核前考生应准备好钢笔或圆珠笔、计算器,考核者应提前找好扶尺人。

(5)考核时间从架立仪器开始,至递交记录表为终止。

(6)考核仪器水准仪为自动安平水准仪(精度与 DS₃ 型相当)。

(7)数据记录、计算及校核均填写在相应记录表中(见书后表 A 题-1"普通水准测量记录表");记录表不可用橡皮擦修改,记录表以外的数据不作为考核结果。

（8）主考人应在考核结束前检查并填写:圆水准气泡和补偿指标线不脱离小三角形情况;在考核结束后填写考核所用时间并签名。

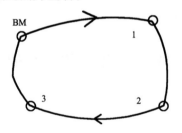

B 题　测回法测量四边形内角

 考核内容

(1)用测回法完成一个四边形四个内角的观测。

(2)完成必要记录和计算;并求出四边形内角和闭合差。

(3)对中误差≤±3mm,水准管气泡偏差<1格。

 考核要求

(1)严格按测回法的观测程序作业。

(2)记录、计算完整,清洁,字体工整,无错误。

(3)上、下半测回角值之差≤±40″。

(4)内角和闭合差≤±80″。

 考核标准

(1)以时间 T 为评分主要依据,如下表所示,评分标准分四个等级制定,具体分数由所在等级内插评分,表中 M 代表分数。

考核项目	评分标准(以时间 T 为评分主要依据)			
	$M \geq 85$	$85 > M \geq 75$	$75 > M \geq 60$	$M < 60$
测回法测量四边形的内角	$T \leq 40'$	$40' < T \leq 60'$	$60' < T \leq 80'$	$T > 80'$

(2)根据对中误差情况,扣1~3分。

(3)根据水准管气泡偏差情况,扣1~2分。

(4)根据卷面整洁情况,扣1~5分(记录划去1处扣1分,合计不超过5分)。

 考核说明

(1)考核过程中任何人不得提示,各人应独立完成仪器操作、记录、计算及校核工作。

(2)主考人有权随时检查是否符合操作规程及技术要求,但应相应折减所影响的时间。

(3)若有作弊行为,一经发现一律按零分处理,不得参加补考。

(4)考核前考生应准备好钢笔或圆珠笔、计算器,考核者应提前找好扶尺人。

(5)考核时间从架立仪器开始,至递交记录表并拆卸仪器放进仪器箱为终止。

(6)考核仪器经纬仪为 DJ$_2$ 型或全站仪。

(7)数据记录、计算及校核均填写在相应记录表中(见书后表 B 题-1"水平角测回法记录表"),记录表不可用橡皮擦修改,记录表以外的数据不作为考核结果。

(8)主考人应在考核结束前检查并填写经纬仪对中误差及水准管气泡偏差情况;在考核结束后填写考核所用时间并签名。

C题　圆曲线偏角法详细测设

考核内容

（1）根据给定的 ZY 点桩号、JD 位置、单圆曲线的半径,用偏角法来测设 ZY 点至 QZ 点间的第一个桩号的中桩。

（2）用经纬仪和钢尺或全站仪,在 ZY 点处进行该中桩的测设。

（3）完成该工作的计算和放样,并在实地标定所测设的点位。

（4）对中误差 ≤ ±3mm,水准管气泡偏差 <1 格。

考核要求

（1）操作仪器严格按观测程序作业;计算用"不能编程的科学计算器"进行计算。

（2）记录、计算完整,清洁,字体工整,无错误。

（3）实地标定的点位清晰。

考核标准

（1）以时间 T 为评分主要依据,如下表所示,评分标准分四个等级制定,具体分数由所在等级内插评分,表中 M 代表分数。

考核项目	评分标准（以时间 T 为评分主要依据）			
	$M \geqslant 85$	$85 > M \geqslant 75$	$75 > M \geqslant 60$	$M < 60$
单圆曲线偏角法测设	$T \leqslant 15'$	$15' < T \leqslant 25'$	$25' < T \leqslant 40'$	$T > 40'$

（2）根据对中误差情况,扣 1 ~ 3 分;根据标定的点位的清晰情况扣 1 ~ 2 分。

（3）根据水准管气泡偏差情况,扣 1 ~ 2 分。

（4）根据卷面整洁情况,扣 1 ~ 5 分（记录划去 1 处扣 1 分,合计不超过 5 分）。

考核说明

（1）考核过程中任何人不得提示,各人应独立完成仪器操作、记录、计算及校核工作。

（2）主考人有权随时检查是否符合操作规程及技术要求,但应相应折减所影响的时间。

（3）若有作弊行为,一经发现一律按零分处理,不得参加补考。

（4）考核前考生应准备好钢笔或圆珠笔、计算器,考核者应提前找好扶尺人。

（5）考核时间从架立仪器开始,至递交记录表并拆卸仪器放进仪器箱为终止。

（6）考核仪器经纬仪为 DJ$_2$ 型或全站仪。

（7）数据记录、计算及校核均填写在相应记录表中;记录表不可用橡皮擦修改,记录表以外的数据不作为考核结果。

（8）主考人应在考核结束前检查并填写仪器对中误差及水准管气泡偏差情况，在考核结束后填写考核所用时间并签名。

主考人填写：

①对中误差：＿＿＿＿＿＿＿＿ mm，扣分：＿＿＿＿＿＿＿＿。

②水准管气泡偏差情况：＿＿＿＿＿＿＿＿ mm，扣分：＿＿＿＿＿＿＿＿。

③记录整洁情况，扣分：＿＿＿＿＿＿＿＿。

④总得分：＿＿＿＿＿＿＿＿。

主考人：＿＿＿＿＿＿＿＿考试日期：＿＿＿＿＿＿＿＿

 **D题　全站仪放样坐标点**

 考核内容

（1）根据测站点的坐标及测站点至后视点的坐标方位角，放样一个给定坐标的空间点，并在实地标定该点的平面位置。

（2）对中误差≤±3mm，水准管气泡偏差<1格。

 考核要求

（1）操作仪器严格按全站仪的观测程序作业。

（2）实地标定的点位清晰。

考核标准

（1）以时间 T 为评分主要依据，如下表所示，评分标准分四个等级制定，具体分数由所在等级内插评分，表中 M 代表分数。

考核项目	评分标准（以时间 T 为评分主要依据）			
	$M \geqslant 85$	$85 > M \geqslant 75$	$75 > M \geqslant 60$	$M < 60$
全站仪放样三维坐标点	$T \leqslant 10'$	$10' < T \leqslant 20'$	$20' < T \leqslant 35'$	$T > 35'$

（2）根据对中误差情况，扣 1~3 分；根据标定的点位的清晰情况扣 1~2 分。

（3）根据水准管气泡偏差情况，扣 1~2 分。

 考核说明

（1）考核过程中任何人不得提示，各人应独立完成仪器操作、记录、计算及校核工作。

（2）主考人有权随时检查是否符合操作规程及技术要求，但应相应折减所影响的时间。

（3）若有作弊行为，一经发现一律按零分处理，不得参加补考。

（4）考核前考生应准备好钢笔或圆珠笔、计算器，考核者应提前找好扶尺人。

（5）考核时间从架立仪器开始，至递交记录表并拆卸仪器放进仪器箱为终止。

（6）考核仪器为全站仪。

（7）数据记录、计算及校核填写在相应记录表中，记录表不可用橡皮擦修改，记录表外的数据不作为考核结果。

（8）主考人应在考核结束前检查并填写仪器对中误差及水准管气泡偏差情况，在考核结束后填写考核所用时间并签名。

主考人填写：

①对中误差：＿＿＿＿＿＿＿ mm，扣分：＿＿＿＿＿＿＿。

②水准管气泡偏差情况：＿＿＿＿＿＿＿ mm，扣分：＿＿＿＿＿＿＿。

③总得分：＿＿＿＿＿＿＿。

主考人：＿＿＿＿＿＿＿考试日期：＿＿＿＿＿＿＿

附录一　国家职业技能鉴定规范

（工程测量工考核大纲）

中级测量工鉴定要求

一、适用对象

从事工程测量的技术工人。

二、报考条件

取得初级职业资格证书后,并连续从事本工种工作五年以上。

三、考生与考评人员比例

(1)理论知识考试原则上按每20名考生配备1名考评人员（20∶1）。

(2)技能操作考核原则上按每5名考生配备1名考评人员（5∶1）。

四、鉴定时间和方式

本工种采用理论知识考试和技能操作考核两种形式进行鉴定。技能操作考核有3~5名考核人员进行。

考评小组进行考核,考核分数取其平均分。

(1)理论知识考试时间为120分钟,满分100分,60分及格。

(2)技能操作考核时间为120分钟~240分钟,满分100分,60分及格。

(3)理论知识考试和技能操作考核均及格者为合格。

五、鉴定场所和设备

(1)理论知识考试在不小于标准教室面积进行。

(2)技能操作考核在室外。

(3)DS$_3$型水准仪和DJ$_6$型经纬仪等。

六、中级测量工考核大纲（项目、范围、内容）

项　　目	鉴定范围	鉴定内容	鉴定比重
基本知识	1.测量误差一般理论知识	(1)测量误差的概念及基本知识。 (2)水准测量的主要误差来源及消减措施,如仪器误差、观测误差、水准尺倾斜误差及外界因素影响。 (3)水平角观测及电磁波测距的误差来源及消减措施,如仪器误差、仪器对中误差、目标偏心误差、观测误差及外界条件误差	100 15

项　目	鉴定范围	鉴定内容	鉴定比重
基本知识	2.控制测量知识	（1）平面控制测量的布设原则及测量方法,如三角测量、导线测量。 （2）高程控制测量的布设原则及测量方法。 （3）电磁波测距的基本原理、结构和使用方法。 （4）城市坐标与厂区坐标换算的基本原理和计算方法。 （5）施工控制网的基本概念	15
专业知识	1.地形测量知识	（1）地形测量原理及工作流程。 （2）图根控制测量的主要技术要求。 （3）大比例尺地形图知识。 （4）地形图图式符号的使用	10
	2.建筑工程测量知识	（1）工业与民用建筑工程施工测量方法和主要技术要求。 （2）建筑方格网,建筑轴线的测设方法。 （3）建筑细部点位测设	15
	3.水利工程测量知识	（1）水下地形测量的施测方法。 （2）桥梁、水利枢纽工程的施测方法	15
	4.线路工程测量知识	（1）铁路、公路、架空送电线路中线的测设方法。 （2）圆曲线的测设原理和测设方法。 （3）地下管线施测方法及主要作业流程	15
	5.建筑物沉降、变形观测知识	（1）各类建筑物、桥梁、烟囱、水利工程沉降、变形观测的基本知识和施测方法。 （2）建筑物沉降观测的精度要求和观测频率	15
相关知识	计算机知识	（1）微机基本组成部分及应用知识。 （2）可编程袖珍计算机的使用及其简单编程方法	10
技能要求操作技能	中级操作技能	（1）一、二、三级导线测量的选点、埋石、记录、观测工作及内业整理。 （2）三、四等精密水准测量、跨河水准测量的选点、埋石、记录、观测工作及内业整理、高差表的编制。 （3）能进行 J2 光学经纬仪、S1 型水准仪和精密水准尺的常规项目的检验。 （4）测回法(等外精度)和方向观测法测水平角。 （5）普通导线坐标的简单计算,绘制导线底图(测绘地形图),点绘线路 纵断面图。 （6）能进行水准网、导线网的单结点平差计算及交会点定点和典型图形平差计算工作。 （7）道路圆曲线及各类工程放样元素的计算及实地测设工作。 （8）能利用袖珍计算机进行平差计算,利用电子手簿进行外业记录。 （9）地形图上点、勾绘等高线、横断面图点绘。 （10）对相同等级不同岗位的要求: A.看懂平、纵断面图及有关专业工程图,配合技术人员进行现场放样。	100 80

54

项　　目	鉴定范围	鉴定内容	鉴定比重
技能要求 操作技能	中级操作技能	B. 梁柱、屋架的定位及垂直测量,普通工业厂房平面放样。 C. 护桩、复杂建筑群的定位放样,管线放样。 D. 能进行道路圆曲线和一般缓和曲线放样元素的计算及测设工作。 E. 在指导下,组织实施一般建筑物、桥梁、烟囱工程的沉降、变形观测工作。 F. 中、小工点的轴线控制	100 80
工具设备的 使用与维护	1. 工具的使用与维护	温度计、气压计的正确读数方法及维护常识袖珍计算机的安全操作和保养方法	5
	2. 设备的使用与维护	(1) DJ$_2$、DJ$_6$ 经纬仪、精密水准仪、精密水准尺、各类全站仪的正确使用及保养常识 (2) 光电测距仪电池正确充电方法及线路连接	5
安全及其他	安全作业	(1) 熟悉各类测绘仪器、设备的安全操作规程,并严格执行 (2) 掌握野外测量安全知识、严格执行安全生产条例	10

附录二　国家工人技术等级标准

（工程测量工）

工种定义

使用测量仪器,按工程设计和技术规范要求,为各类工程包括地形图测量、工程控制网的布设及施工放样、建筑施工、铁路、公路、航道、水利、桥梁、地下施工、矿山建设和生产、建筑物的变形观测等提供测量数据和测量图件。

适用范围

施工测量、市政工程测量、铁路测量、公路测量、航道测量、矿山测量、水工测量、水利测量。

学徒期

二年。

初级工程测量工

了解普通工程测量作业内容和作业规程,掌握地形测量、图根控制测量的基本技能,了解电子计算器的使用方法,在指导下从事工程测量作业,完成指定的单项任务。

知识要求:

1. 了解地形图的内容与用途,具有地形图比例尺概念。

2. 掌握常用的测绘仪器、工具的名称、用途及保养常识。

3. 掌握测量中常用的度量单位及换算。

4. 了解图根导线、图根水准的测量原理及计算方法。

5. 了解平板测图的原理及施测方法。

6. 了解地下管线的测量原理及施测方法。

7. 了解定线、拨地测量和建(构)筑物放样的基本方法。

8. 懂得野外测量的安全知识。

技能要求:

1. 能使用标杆、垂球架、光学对中器进行对中。

2. 能勾绘交线草图和断面图,绘制点之记。

3. 在指导下能进行图根水准、图根导线的观测、记录。

4. 掌握道路纵横断面测量,定线拨地放样的辅助工作。

5. 在指导下能进行普通经纬仪、水准仪、平板仪常规项目的检校。

6. 正确使用各类常用图式符号。

7. 能正确使用皮尺和钢卷尺进行量距。

8. 能应用电子计算器进行一般的计算工作。

9. 掌握地下管线测量的辅助工作。

工作实例:

初级工应掌握以下工作实例一至二项。

1. 绘制点之记或断面施测草图一例。

2. 图根水准观测、记录或图根导线水平角观测、记录一例。

3. 坐标放样数据计算一例。

4.纵、横断面测量及绘制断面图一例。

5.使用图解法测量管线工程一例。

6.图根导线近似平差计算一例。

中级工程测量工

具有工程测量的一般理论知识及有关工程建设的一般专业知识,懂得地形测量、三角测量、水准测量、导线测量、定线放样、变形观测的一般理论知识,掌握各类工程测量的一般方法,包括工程建设施工放样、工业与民用建筑施工测量、线型测量、桥梁工程测量、地下工程施工测量、水利工程测量及建筑物变形观测的施测方法,了解袖珍计算机的应用技术,了解全面质量管理的基础知识,独立完成一般工程测量项目。

知识要求:

1.二、三等水准测量及测量误差的基本知识。

2.了解城市坐标与厂区坐标换算的基本原理及计算方法。

3.懂得建筑方格网、道路曲线测设原理及测设方法。

4.掌握各类建筑物、桥梁、烟囱、水利工程沉降、变形观测的基本知识和施测方法。

5.懂得精密光学经纬仪、水准仪、精密水准尺的检校知识和检校方法。

6.掌握归心改正、坐标传递、交会定点的原理和计算方法。

7.掌握袖珍电子计算机的应用知识。

8.了解水准观测、水平角观测、光电测距仪测距的误差来源及减弱的措施。

技能要求:

1.一、二、三级导线测量,二、三等精密水准测量。跨河水准测量的选点、埋石、记录、观测工作,内业成果整理、概算、高程表的编制。

2.能进行道路圆曲线和一般的缓和曲线及各类工程放样元素的计算及测设工作。

3.能进行 DJ_2 光学经纬仪、DS_1 型水准仪和精密水准尺常规项目的检验。

4.组织实施一般建筑物和完成定线、拨地测量工作。

5.组织实施一般建筑物、桥梁、烟囱、水利工程的沉降、变形观测工作。

6.能进行水准网、导线网的单结点、双结点平差计算及交会定点和典型图形平差计算工作。

7.能利用袖珍计算机进行平差计算,利用电子手簿进行外业记簿。

工作实例:

中级工应掌握以下工作实例一至二项。

1.一、二、三级导线和二等水准观测,记簿各一例。

2.导线网、水准网的单结点、双结点平差,三角测量概算,交会定点平差计算或典型平差计算一例。

3.沉降、变形观测的计算和成果资料整理一例。

4.道路工程圆曲线、缓和曲线、曲线元素计算和放样工作一例。

5.组织实施工程控制网设计方案一例。

高级工程测量工

具有工程测量一般原理知识,了解高精度工程测量控制网、细部放样网、轴线及工艺设备的放样安装,竣工测量、变形观测的一般理论知识,具有电子计算机的一般应用知识,了解国内工程测量发展动态和新技术应用知识,熟练地掌握精密经纬仪、精密水准仪、光电测距仪的操作技术,掌握工程控制网、细部放样、竣工测量、变形观测的施测技术,能分析处理施测中出现的一般技术问题。

知识要求：

1. 了解高斯正形投影平面直角坐标系的基本概念。

2. 懂得地下贯通工程施工测量的原理和施测方法。

3. 掌握各种工程控制网的布网方案和施测方法。

4. 了解一般工程测量的基本原理和施测方法。

技能要求：

1. 掌握大、中型工程的施工测量、竣工测量技术,并编写工程技术总结报告。

2. 掌握测设大、中型桥梁的控制测量及施工、变形测量。

3. 在指导下能进行地下工程的贯通测量。

4. 能解决工程测量中的一般技术问题和质量问题。

5. 能对工程测量进行一般技术指导。

工作实例：

1. 实施中、大型工程测量、竣工测量和编写技术工作报告书一例。

2. 桥梁变形观测或地下工程贯通测量一例。

附录三 各实训项目表

项目一 水准仪的安置与读数

水准仪读数练习记录表 表 1-1

测　站	点　号	水准尺读数 （m）		高差 （m）	备　注
		后视读数	前视读数		

测量人：　　　　　　记录人：　　　　　　复核人：　　　　　　时间：

指导教师意见/评分
教师签名：　　　　　年　月　日

项目二 等外闭合水准路线测量

等外水准测量记录表　　　　　　　　表 2-1

测站编号	后尺 上丝 下丝 后距 视距差 d	前尺 上丝 下丝 前距 累积视距差	方向及尺号	标准读数 黑面	标准读数 红面	K + 黑 – 红	高差中数	备　考
	(1)	(5)	后	(3)	(8)	(10)		
	(2)	(6)	前	(4)	(7)	(9)		
	(12)	(13)	后 – 前	(16)	(17)	(11)		
	(14)	(15)						
1			后					
			前					
			后 – 前					
2			后					
			前					
			后 – 前					
3			后					
			前					
			后 – 前					
4			后					
			前					
			后 – 前					
5			后					
			前					
			后 – 前					

测量人：　　　　　记录人：　　　　　复核人：　　　　　时间：

指导教师意见/评分
教师签名：　　　　　　年　月　日

项目三 水准仪的检验与校正

水准管轴平行于视准轴的检验记录表 表3-2

	立 尺 点		水准尺读数	高 差	平均高差	是否要校正
仪器架在 A 、B 点中间位置 C	A		$a_1 =$	$h_1 =$	$h_{AB} =$	i 角值 $\geq \pm 20''$,则需校正
	B		$b_1 =$			
	变更仪器高后	A	$a'_1 =$	$h'_1 =$		
		B	$b'_1 =$			
仪器架在离 B 点较近的位置	A 实际读数 a_2					
	B 实际读数 b'_2					
	A 点理论值 $a'_2 = b'_2 + h_{AB}$					
	$i = (a_2 - a'_2) \rho / D_{AB}$					

测量人： 记录人： 复核人： 时间：

指导教师意见/评分
教师签名： 年 月 日

63

项目四 四等水准测量

四等水准测量记录表

表 4-1

组别：　　　　　　　　　　　仪器号码：　　　　　　　　　　　　年 月 日

测站编号	视准点	后视 上丝/下丝	前视 上丝/下丝	方向及尺号	水准尺读数		黑+K-红	平均高差	备注
		后视距视距差	前视距 Σ视距差		黑色面	红色面			
		(1)	(4)	后	(3)	(8)	(14)	(18)	
		(2)	(5)	前	(6)	(7)	(13)		
		(9)	(10)	后－前	(15)	(16)	(17)		
		(11)	(12)						
				后					
				前					
				后－前					
				后					
				前					
				后－前					
				后					
				前					
				后－前					
				后					
				前					
				后－前					

测量人：　　　　　　记录人：　　　　　　复核人：　　　　　　时间：

指导教师意见/评分
教师签名：　　　　　年 月 日

65

项目五　全站仪测量技术

水平角测回法记录表　　　　　　　　　　　　表 5-1

测 点	盘 位	目 标	水平度盘读数 (° ′ ″)	水 平 角		示 意 图
				半测回值 (° ′ ″)	一测回值 (° ′ ″)	

测量人：　　　　　　　记录人：　　　　　　　复核人：　　　　　　时间：

指导教师意见/评分
教师签名：　　　　年　月　日

水平角方向观测法记录表 表 5-2

测站	测回数	目标	水平度盘读数		2c (″)	方向值 (° ′ ″)	归零方向值 (° ′ ″)	各测回平均方向值 (° ′ ″)
			盘左 (° ′ ″)	盘右 (° ′ ″)				

测量人：　　　　　　记录人：　　　　　　复核人：　　　　　　时间：

指导教师意见/评分
教师签名：　　　　　年 月 日

竖直角记录表   表 5-3

测　点	目　标	竖盘位置	竖盘读数 (°　′　″)	半测回竖直角 (°　′　″)	指标差 (″)	一测回竖直角 (°　′　″)
		左				
		右				
		左				
		右				
		左				
		右				
		左				
		右				
		左				
		右				
		左				
		右				
		左				
		右				
		左				
		右				
		左				
		右				
		左				
		右				
		左				
		右				
		左				
		右				

测量人：　　　　　　　　　记录人：　　　　　　　　复核人：　　　　　　　　时间：

指导教师意见/评分
教师签名：　　　　　　　年　月　日

71

项目六　测回法测水平角

测　点	盘　位	目　标	水平度盘读数 (° ′ ″)	水平角 半测回值 (° ′ ″)	水平角 一测回值 (° ′ ″)	示　意　图

测量人：　　　　　　记录人：　　　　　　复核人：　　　　　　时间：

指导教师意见/评分
教师签名：　　　　　年　月　日

项目七　方向观测法测水平角

方向观测法测水平角记录表

表 7-1

测站	测回数	目标	水平度盘读数		2c (″)	平均读数 (° ′ ″)	归零方向值 (° ′ ″)	各测回平均归零方向值 (° ′ ″)	水平角值 (° ′ ″)
			盘左 (° ′ ″)	盘右 (° ′ ″)					

测量人：　　　　　　记录人：　　　　　　复核人：　　　　　　时间：

指导教师意见/评分
教师签名：　　　　年　月　日

项目八 GPS 测量技术

GPS 接收机观测记录表

表 8-1

测点点名	仪器类型	仪器型号	观测时段	天线高	开机时间	关机时间

测量人： 记录人： 复核人： 时间：

指导教师意见/评分
教师签名：　　　　　　　年　月　日

项目九 导线测量

闭合导线坐标计算表

表 9-2

点号	观测左角 (° ′ ″)	改正数	改正后角值 (° ′ ″)	坐标方位角 (° ′ ″)	距离 (m)	坐 标 增 量		改正后坐标增量		坐标	
						Δ_x	Δ_y	$\Delta_{x'}$	$\Delta_{y'}$	x	y
1	2	3	4	5	6	7	8	9	10	11	12
计算											

测量人：　　　　　记录人：　　　　　复核人：　　　　　时间：

指导教师意见/评分
教师签名：　　　　　年　月　日

项目十　全站仪测绘大比例尺地形图

全站仪测绘地形图记录表　　　　　　　　　　表 10-1

碎　部　点	水平角度 β	水平距离 D	高程 H （m）	备　　注

测量人：　　　　　　记录人：　　　　　　复核人：　　　　　　时间：

指导教师意见/评分
教师签名：　　　　　年　月　日

项目十一　全站仪恢复中线控制桩测量

中线控制桩测量记录表　　　　　表 11-1

实 训 项 目		测 量 小 组	
实 训 地 点		设 备 与 工 具	
实训布置图(草图)			
结果分析			

测量人：　　　　　记录人：　　　　　复核人：　　　　　时间：

指导教师意见/评分
教师签名：　　　　　年　月　日

项目十二 圆曲线测设

切线支距法(整桩号)各桩要素的计算表　　　　表 12-1

曲线桩号		ZY(YZ)至桩的曲线长 (m)	圆心角 φ_i 读数 (°)	切线支距法坐标	
桩号	长度 (m)			X_i (m)	Y_i (m)

注:表中曲线长 l_i =各桩里程与 ZY 或 YZ 里程之差。

测量人:　　　　　记录人:　　　　　复核人:　　　　　时间:

指导教师意见/评分
教师签名:　　　　　年　月　日

表 12-2

偏角法(整桩号)各桩要素的计算表

桩　　号	曲线长 l_i	偏角值 Δ_i	偏 角 读 数	弦长 c_i (长弦法)

注: l_i = 各桩里程与 ZY 或 YZ 里程之差; $\Delta_i = \dfrac{\varphi_i}{2} = \dfrac{l_i}{R}\dfrac{90°}{\pi}$; $c_i = 2R\sin\Delta_i$。

测量人:　　　　　　记录人:　　　　　　复核人:　　　　　　时间:

指导教师意见/评分
教师签名:　　　　　　年　月　日

项目十三　缓和曲线测设

偏角法详细测量记录表　　　　　　　　　　　　表 13-1

曲线元素							
主点桩号							
各中桩测设数据	测段	桩号	曲线长	偏角	水平度盘读数	弦长	备注
	ZH-HY						测站点:ZH
	HZ-YH						测站点:HZ
	HY-YH						测站点:HY（按圆曲线测设）

测量人：　　　　　　　记录人：　　　　　　　复核人：　　　　　　　时间：

指导教师意见/评分
教师签名：　　　　　　年　月　日

项目十四 基平测量

基平水准测量记录表

表 14-1

测点	水准尺读数（m）		高差 h（m）		高程（m）	备注
	后视 a（m）	前视 b（m）	+	−		
		—	—	—		
Σ						
计算校核	$\sum a - \sum b =$		$\sum h =$			

测量人：　　　　　记录人：　　　　　复核人：　　　　　时间：

指导教师意见/评分
教师签名：　　　　　年　月　日

91

项目十五　中平测量

中平测量记录表　　　　　　　　　　　表 15-1

测点及桩号	水准尺读数（m）			视线高（m）	高程（m）
	后视	中视	前视		

测量人：　　　　　　记录人：　　　　　　复核人：　　　　　　时间：

指导教师意见/评分
教师签名：　　　　　年　月　日

项目十六 横断面测量以及横断面图的绘制

抬杆法横断面测量记录表   表 16-1

左　侧	里　程　桩	右　侧

水准仪皮尺法横断面测量记录表   表 16-2

桩　号	各变坡点至中桩点距离(m)	后视读数(m)	前视读数(m)	各变坡点与中桩点的高差(m)
	左侧			
	右侧			

指导教师意见/评分
教师签名：　　　　年　月　日

线路中桩横断面测量外业记录表 表 16-3

左　侧（m）	桩　号	右　侧（m）

测量人：　　　　　　记录人：　　　　　　复核人：　　　　　　时间：

指导教师意见/评分
教师签名：　　　　　　年　月　日

项目十七 路基坡脚桩、坡顶桩放样

路基坡顶(底)桩放样记录表

表 17-1

班级：　　　　小组：　　　　记录：　　　　日　期：　　　　第　　页

路堑坡度 $m_1 =$　　　　路堤坡度 $m_2 =$　　　　路基宽度 $b =$　　　　$s + n =$

由实测高差($H - H_中$)计算的对应距离					
挖(坡顶桩)	$D = b/2 + (s+n) + m_1(h_中 + H - H_中)$				
填(坡底桩)	$D = b/2 + m_2(h_中 - H + H_中)$				
桩号：	中桩高程 $H_中 =$		中桩填挖高度 $h_中 =$		
由横断面图得知：	左侧(挖、填) 图上距离(　　m)		右测(挖、填) 图上距离(　　m)		
对应公式 (计算器程序编号)					
	实测高程 H	实测距离 d	距离差 $d - D$	实测高程 H	实测距离 d	距离差 $d - D$
第 1 次放样					
第 2 次放样					
第 3 次放样					
桩号：	中桩高程 $H_中 =$		中桩填挖高度 $h_中 =$		
由横断面图得知：	左侧(挖、填) 图上距离(　　m)		右测(挖、填) 图上距离(　　m)		
对应公式 (计算器程序编号)					
	实测高程 H	实测距离 d	距离差 $d - D$	实测高程 H	实测距离 d	距离差 $d - D$
第 1 次放样					
第 2 次放样					
第 3 次放样					
桩号：	中桩高程 $H_中 =$		中桩填挖高度 $h_中 =$		
由横断面图得知：	左侧(挖、填) 图上距离(　　m)		右测(挖、填) 图上距离(　　m)		
对应公式 (计算器程序编号)					
	实测高程 H	实测距离 d	距离差 $d - D$	实测高程 H	实测距离 d	距离差 $d - D$
第 1 次放样					
第 2 次放样					
第 3 次放样					

指导教师意见/评分
教师签名：　　　　年　月　日

项目十八　路面结构层高程放样

路面结构层高程放样数据表　　　　　　　　表 18-1

班级：　　　　　　小组：　　　　　　计算：　　　　　　日期：

桩　号	设计高程	该结构层设计（施工）高程			读　数			后视点高程及读数
		左边桩	中桩	右边桩	左边桩	中桩	右边桩	

指导教师意见/评分
教师签名：　　　　　年　月　日

101

A 题　闭合水准路线测量

普通水准测量记录表　　　　　　　　　　　　　　　表 A 题-1

单位：　　　　　　　学号：　　　　　　　姓名：

测　点	水准尺读数（m）		高差 h（m）		高程（m）	备　注
	后视 a（m）	前视 b（m）	＋	－		
		—	—	—		
Σ						
计算校核	$\Sigma a - \Sigma b =$		$\Sigma h =$			

主考人填写：

(1) 圆水准气泡居中和补偿指标线不脱离小三角形情况,扣分：＿＿＿＿＿＿。

(2) 卷面整洁情况,扣分：＿＿＿＿＿＿。

(3) 总得分：＿＿＿＿＿＿。

主考人：＿＿＿＿＿＿。　　　　　　　　考试日期：＿＿＿＿＿＿。

103

B题　测回法测量四边形内角

水平角测回法记录表　　　　　　　　　　　　　表B题-1

单位：　　　　　　学号：　　　　　　姓名：

时间：　　　　　　得分：　　　　　　扣分：　　　　　　评分：

测　点	盘　位	目　标	水平度盘读数 (° ′ ″)	水 平 角 半测回值 (° ′ ″)	一测回值 (° ′ ″)	示 意 图
校核	闭合差 f_n					

主考人填写：

①对中误差：＿＿＿＿＿＿mm，扣分：＿＿＿＿＿＿。

②水准管气泡偏差：＿＿＿＿＿＿格，扣分：＿＿＿＿＿＿。

③卷面整洁情况，扣分：＿＿＿＿＿＿。

④总得分：＿＿＿＿＿＿。

主考人：＿＿＿＿＿＿。　　　　　　考试日期：＿＿＿＿＿＿。

参 考 文 献

[1] 张保成. 工程测量实训指导书及实训报告[M]. 北京:人民交通出版社,2007.

[2] 马真安,阿巴克力. 工程测量实训指导[M]. 北京:人民交通出版社,2005.

[3] 梁启勇. 公路工程测量[M]. 北京:人民交通出版社,2009.

[4] 徐霄鹏. 公路工程测量[M]. 北京:人民交通出版社,2005.